纺织服装高等教育“十二五”部委级规划教材

服装职业教育项目课程系列教材　系列教材主编：张福良

Men's Jacket Design and Technology

男茄克设计与技术

编　著　陈尚斌　文　英　郑守阳　江群慧

東華大學出版社

内 容 提 要

《男茄克设计与技术》是高职院校服装专业必修的主干核心课程《男装设计与技术项目》课程的配套系列教材，将男茄克设计与技术等内容相结合的专业核心读物。该教材重点讲授男品牌男茄克的款式设计、结构设计制板及制作工艺，使读者掌握相关国家服装标准和男茄克款式、样板设计与制作基本知识，熟练掌握男茄克产品开发、样衣制板、产品制作技能，具备从事男茄克设计、制板和制作的基本能力和素质。

该教材以服装企业设计助理、技术科样板师、工艺员的工作流程为导向，以完成品牌男茄克设计开发款式、样衣制板和样衣试制等工作所需能力与素质要求为依据，打破了原有服装学科体系，创新设计项目化的体例结构，通过梳理整合、归纳提炼分三大阶段任务设置，从产品设计到产品制板直至产品工艺制作，共计18个工作过程。全书结构创新，项目齐全，方法多样，技能突出，设计独创，非常适合高职院校服装专业师生和服装企业技术与管理人员阅读。

图书在版编目(CIP)数据

男茄克设计与技术/陈尚斌，文英，郑守阳编著.—上海:东华大学出版社，2012.7
ISBN 978-7-5669-0044-9

Ⅰ.①男...　Ⅱ.①陈...②文...③郑...　Ⅲ.①男服—茄克—设计—高等职业教育—教材　Ⅳ.①TS941.718.44

中国版本图书馆CIP数据核字(2012)第074005号

责任编辑　谢　未
封面设计　戚亮轩

浙江省高职高专重点建设教材

男茄克设计与技术
陈尚斌　文　英　郑守阳　江群慧　编著
东华大学出版社
(上海市延安西路1882号　邮政编码:200051)
新华书店上海发行所发行　苏州望电印刷有限公司印刷
开本:787×1092　1/16　印张:11.75　字数:288千字
2012年7月第1版　2012年7月第1次印刷
印数:0 001—3 000
ISBN 978-7-5669-0044-9/TS·321
定价:29.00元

前　　言

我国职业教育的发展已经到了注重内涵建设的阶段，教学改革正在向纵深发展，充分开发学生的天赋和潜能已成为当务之急。打破以学科为体系的教学模式，建立以职业能为核心、全面发展综合能力、突出职教特色多元化的课程结构。

本教材运用项目式课程教学模式，培养学生男茄克设计与生产技术的实际操作能力，通过教、学、做一体化的方法促使学生对相关知识的理解和掌握。教学中以学生为中心，充分调动学生学习的自主性，改变传统的师生关系模式，教师的作用不是停留在“传道、授业、解惑”上，而是通过帮助、指导、引导学生，启迪学生的学习兴趣，激发好奇心和求知欲，引发学生提出问题、思考问题、解决问题，启发学生不断探究，培养创造性的思维能力，引发创新精神；整个作业过程是培养学生创新意识、自学能力、团队精神和综合能力的过程，是以能力为本位教学思想的具体体现。

本教材由中国红帮第七代传人陈尚斌任主编，文英、郑守阳、江群慧任副主编。课程组全体教师都参与了编写工作。文英编写了项目简介和第一阶段的产品设计；郑守阳编写了第二阶段的产品制板；江群慧编写了第三阶段的产品工艺。全书由陈尚斌架构、格式编排、审核、修改和统稿。

本教材编写选用和借鉴了许多品牌服装图片和历届学生作业，并得到了宁波众多企业的大力支持，许多服装款式、订单都是由服装企业提供，雅戈尔、杉杉、洛兹、培罗成等企业的技术人员直接参与或指导了编写工作。有些知识或技能操作部分则采用了相关专家的成果。历时三年多的编写过程，不仅作者、课程组投入了大量的精力，其他有关方面的专家、学者、企业家、学院领导也给予了宝贵的指导和大力的支持。在此我们一并表示衷心的感谢。由于水平和能力所限，加之项目课程尚处探索阶段，书中定有许多不足之处，恳请各位读者朋友批评指正。我们真诚地希望本书能得到业界朋友的欢迎！

陈尚斌
2012 年 6 月

前言

目　录

项目简介

我国传统的职业教育课程教学模式主要是班级授课制，以课堂教学的形式来开展，学生学习的主要方式以听讲、讨论、阅读、背诵、理解、书面练习为主。这对学生来说，虽然学到的知识体系是完整的，但对所要从事的职业行为过程来说却是相对分散的。职业教育项目课程的提出，正是以工作结构为主线整合了理论与实践。相对应的项目课程注重理论、实践的一体化，以学生活动为主，建立适合学生活动的教学组织方式，改变传统适合学生听讲的方式。

本章主要对男装设计与技术项目课程进行介绍。教师将以项目课教学任务书和品牌产品开发任务书相结合，使项目课程教学更有效地建立课堂与企业的联系，加强课程内容与工作之间的相关性，整合理论知识与实践经验，让学生在完成任务中学习知识点，使学生的学习更具针对性和实用性，提高学生职业能力。图 1-1 为本系列丛书的内容架构。

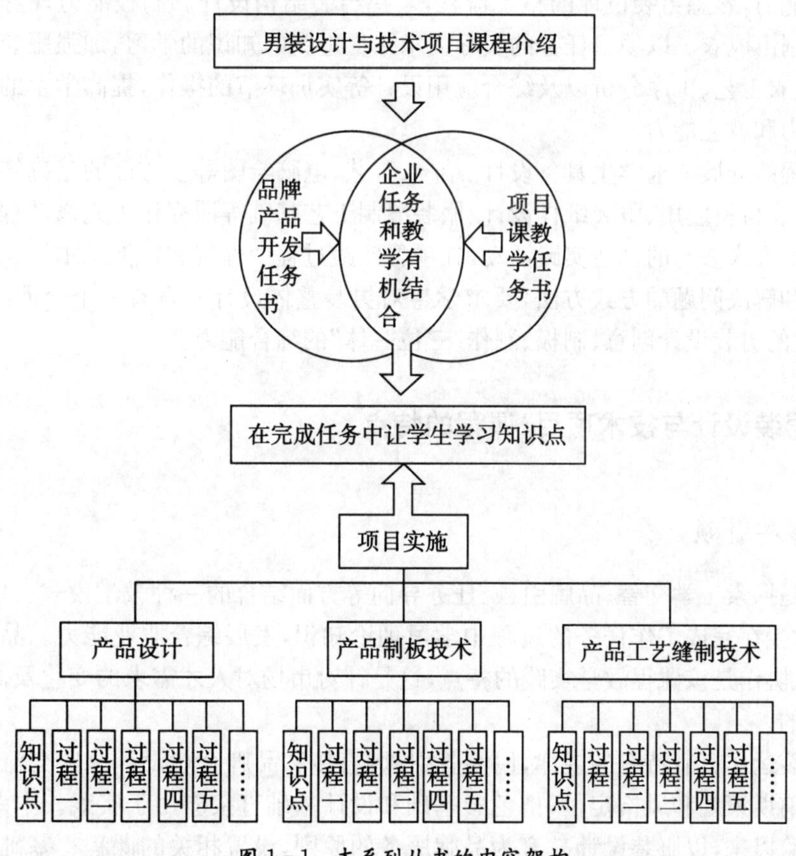

图 1-1　本系列丛书的内容架构

过程一：了解《男装设计与技术项目》课程——男茄克项目内容

一、《男装设计与技术项目》课程的性质、目的和要求

《男装设计与技术项目》课程是服装设计与工艺技术专业的核心课程，是一门实践性很强的课程。

本课程的教学目的是以模仿男装企业产品开发过程，结合理论知识传授，重在培养学生的男装设计能力，熟悉男装设计的整个流程，掌握男装结构设计和制板能力，能按照样板和工艺要求缝制出成衣。以项目任务的实际需求来促进新的知识的学习，加强服装设计、服装工业制板、成衣工艺、工序分析以及综合应用设计等实训环节的操作，提高学生的实践能力、综合应用能力和就业能力。

项目课程的开展要求学生具备设计、结构、工艺、电脑绘图等多方面的基础知识，需要以成衣设计、服装材料应用、服装纸样设计、服装缝制工艺基础等课程作为先修课程；要求学习过程成为一个人人参与的创造实践活动，在项目实践过程中理解和掌握基本知识和技能，学会分析问题和解决问题的方式方法，要求学生对男装整体设计开发有一个全面的认识和研究，具有一定的男装设计创意、制板、制作“三位一体”的综合能力。

二、《男装设计与技术项目》课程的特点

（一）品牌引领

本课程是探索工学交替、品牌引领、任务导向等方面结合的一种教学模式。以工作任务为中心，让学生在完成工作任务的过程中学习理论知识，发展综合职业能力。品牌引领、任务导向、团队协作是该课程教学实践的特点，这是针对市场对人才需求的变化及高职人才培养目标提出的。

品牌服装运作有其特有的规律，以品牌引领，直接和品牌企业设计总监交流，实际为企业品牌进行前期策划和风格定位，把色彩基础和设计基础直接应用于实践。本专业开始项目课教改试验以来，以服装设计教育为品牌服务的原则，设置相关的课程。基础课结束后，主要通过模拟项目或和企业合作项目的方式把服装设计理论和实践训练结合起来，达到培养学生综合能力的目的。

（二）任务导向

教学内容任务化，把专业知识和企业产品开发任务相结合，培养学生的职业关键能力和职业素质。这一结合，有效地解决了传统教学中理论与实践相脱离，远离工作实际的弊端。理论教学内容与实践教学内容通过项目或者是工作任务紧密地结合在一起。通过典型的职

业工作任务，学生可以概括性地了解他所学职业的主要工作内容是什么，同时学习者还可以了解到自己所从事的工作在整个工作过程中所起的作用，并能够在一个整体性的工作情景中认识到他们自己能够胜任的有价值的工作。

在项目的开展过程中，教学是以真实的工作世界为基础挖掘课程资源，其主要内容来自于真实的工作情景中的职业工作任务，而不是在学科知识的逻辑中建构课程内容，授课内容与企业实际生产过程有直接的关系（如购材料、具体加工材料），学生有独立进行计划工作的机会，在一定时间范围内可以自行组织、安排自己的学习行为，有利于培养创造能力。

（三）团队协作

教学形式团队化，提高教师、学生相互协作、集体完成任务的职业道德和职业素质。在完成服装设计、制板、工艺三个阶段过程中，教师团队由三位专业教师构成，分别承担设计、制板和工艺的教学，教学过程分工不分家，并以企业化的模式转换角色：设计老师就是设计总监，学生是设计师和设计助理；制板老师就是技术科长，学生就是制板师和技术员；工艺老师就是生产车间主任，学生就是样衣工或车间小组长和员工。

三、《男装设计与技术项目》课程的教学项目分类

由于受到男装款式、工艺制作特点以及教学实际情况的限制，《男装设计与技术项目》课程的具体实施对涉及的男装项目进行了精简的分类设置，分别设置了男裤项目、男衬衫项目、男茄克项目和男西服项目四大块。本书主要讲解男茄克项目的具体操作内容。

四、《男茄克设计与技术项目》的教学目标

《男茄克设计与技术项目》课程通过对品牌男茄克的设计、结构、工艺一整套模拟企业产品开发的项目式课程内容的学习，使学生了解男茄克成衣化生产的内在规律，具备独立完成男茄克的款式设计、打样、制作“三位一体”的综合能力，对服装企业的产品开发、生产有一个全面的认识和实践，在技能上达到“样板高级工”、“工艺中级工”水平。同时，通过项目的开发，培养学生的创造能力、交流沟通能力、团结协作能力和良好的职业道德，提高学生的综合素质。

五、《男茄克设计与技术项目》课程学习要求

（一）根据任务书对环境和资料进行分析、研究；

（二）根据季节新产品、主题系列基本构成，确定男茄克主题的开发方案，确定开发小组的组成和进度安排；

（三）开发小组根据季节新产品开发、主题来设计基本款及变化款；

（四）开发小组要掌握男茄克结构变化的基本规律和方法；

（五）开发小组要掌握男茄克的样衣制作方法。

过程二：明确男茄克品牌产品开发任务及实施方案

男茄克品牌产品开发前设计总监（教师）要将开发任务非常明确地传达给设计团队（学生），传达内容包括：品牌文化、任务分工、时间控制表、订货展示形式等。

一、品牌产品开发任务传达

（一）品牌文化

主要让设计团队（学生）明确该男茄克品牌的品牌定位、品牌故事等。

1. 品牌定位

品牌定位是品牌相对竞争品牌而言在消费者头脑中所占据的位置，也是品牌的一个自画像，品牌定位过程就是通过市场调研尤其是对竞争品牌的市场调研，分析大众消费心理和特征，认识品牌自身的优缺点，制定相对应的营销措施，确定下一季节产品的构成方案。

2. 品牌故事

品牌故事是品牌发展的历史及其传递的精神，以特定的故事形式或其他具有一定显示度的方法的展现，是品牌文化的一部分，品牌故事往往以故事特有的方式感染人，形成联想和暗示。品牌故事也有许多形式，如真实故事、虚拟故事、名人效应等。

（二）任务分工

任务分工是要让每个组员（学生）明确自己的阶段任务，将设计任务分解量化、找出开发难点、相互协助、落实协作部门和人员、利用各种资源等。

（三）时间控制表

是为保证产品开发顺利进行的有效措施。每项工作都要有序进行，必须设置时间控制表，即包括市场调研时间、资料信息收集、设计画稿时间、画稿审核时间、面辅料到位时间、样板制作时间、样衣制作时间、样衣审核时间、订货展示时间（作品展示）等。

（四）订货展示形式（作品展示）

学生学习过程的最后总结，表现在实体物件上的就是服装产品即学生的阶段作品，可以通过静态展示、动态展示等订货展示形式，向代理商和商场主管们（企业专家、教师们、同学们）很好地展示传达品牌的最佳形象。不同形式各有优点，静态展示能很好地展示服装的细节和工艺以及服装色彩和组合搭配；动态展示通过模特的走台能更好地展示服装的着装效果，以达到视觉记忆深刻的目的。往往这两种形式结合运用效果最佳。最后企业专家和师生对每件服装产品给予品评给分。

二、项目课教学任务书

项目课教学任务书就是把企业任务和教学有机结合起来，在完成任务中让学生学习知识点。

■ 模板：

“××××品牌”男装项目课程(20××秋季茄克产品开发)实施计划

Ⅰ. 参与人数

×××班，共N名学生；N名教师组队任课。

Ⅱ. 任务要求

1. 市场调研报告：一份，要求图文并茂，客观实际；
2. 设计稿：平均每位学生至少有A、B、C三款茄克着装彩稿；
3. 完成A款规格设计和1∶5结构制图设计；
4. 完成A款工业样板制作；
5. 完成A款工艺单制作；
6. 完成A款面辅料采购、排料、裁剪、制作；
7. 完成项目总结一份。

Ⅲ. 企业支持

1. 能提供部分样衣供学生参考；
2. 能提供一些资料和空白表单，以便学生能根据企业的要求工作；
3. 提供学生参观、学习的机会；
4. 能安排公司相关人员给学生作指导。

Ⅳ. 设计主题：《秋》

本主题体现的秋天是一个收获的季节，突出自然、环保、回归自身需要的着装状态。帅气而又男人味实足的茄克，注重整体搭配，形成了刚柔并济的都市成熟男性独特魅力。

Ⅴ. 上市期

20××年×月×日—20××年×月×日　共计N款

Ⅵ. 具体操作及产品开发进度

学生设计稿由教师确定后交企业挑选，选中的款式由企业提供样衣制作的面辅料，学生来完成制板、样衣制作。最后将与该款服装相关的资料如：样板、样衣、工艺单等交企业，归企业所有。

1. 项目准备阶段：教师根据课题来源的项目要求布置任务，帮助学生理解任务要求，确立项目任务，制定项目执行计划，完成项目任务书；

2. 调研阶段：教师根据课题来源的项目要求及项目执行计划，讲解调研任务、调研内容、调研策略、调研方法和如何写调研报告等内容，安排学生分小组进行市场调研，从设计、结构、工艺不同方向寻找与任务相关的资料（以搜集作品立项的，直接根据任务要求寻找相关的作品）。学生必须随时以文字或图片等形式记录调研或收集的内容，并以书面资料或调查记录的形式带到课堂上，完成调研报告一份。

1）了解该品牌文化，品牌风格、定位，把握品牌特点等；

2）收集相关色彩、面料及流行趋势信息，并收集面、辅料小样等；

3）调研消费者的消费需求及原有产品的反馈意见等；

4）了解和分析世界著名男装品牌与设计师等。

3. 设计阶段：教师根据课题来源的项目要求及项目执行计划，讲解男装设计基础理论（正装和休闲装设计），并根据立项情况侧重讲解，同时安排学生进行服装设计。

1）对收集的资料进行有针对的取舍，包括相关的色彩、图案、面料小样、配件等，进行款式设计构思；

2）成衣款式的确定；

3）面辅料的选购。

4. 制板阶段：教师根据学生设计的服装款式，分类别和有针对性地进行男装结构设计基础理论的讲解与辅导，并根据多数学生的薄弱点进行侧重讲解，并要求学生自行完成打板。

1）造型结构的分析，尺寸、必要细节的技术实施手段的确定；

2）使用的面辅料及其性能测试，确定制板方案；

3）形成初板纸样（立裁或平面方法）；

4）试制坯布样衣；

5）样衣试穿、评价及必要的样板修改；

6）形成头样板。

5. 工艺缝制阶段：教师根据学生设计的服装款式、样板和面辅料，分类别和有针对性地讲解和辅导工艺制作方法和技巧，帮助学生独立完成成品服装的制作。

1）分析款式、版型，确定缝制的技术方案；

2）分析工序流程；

3）形成技术卡或工艺单；

4）成衣制作。

6. 项目总结阶段：教师组织学生对本项目内容的作品进行展示，完成作品的影像留底，辅导学生完成项目文本的整合。

1）自评：学生自我评价（优缺点或改进的设想）；其他同学提出问题，老师给予综合评价；

2）教师评价：在第一个小项目实施完毕的时候不管项目是否成功，教师应给与积极肯定的评价，然后提出建议；在整个过程中教师适时安排涉及的专业知识的讲授，并在不同的阶段对学生的学习态度、素材积累、操作能力等进行阶段评价；最后，对项目成果进行总体评价，对整个项目过程中涉及的专业知识进行总结，对项目过程中出现的问题进行进一步的分析、总结经验，最后对每一位学生给予评分。

3）企业（专家）评价：相关企业（专家）根据项目课程的工作成果与企业产品开发的实际

情况进行比较，给予客观的评价；

4）总结：学生根据自己操作过程及教师、企业的评价，撰写项目课程学习总结。

7. 设置产品开发进度表（表 1－1）

表 1－1　产品开发进度表

月份	日　期	目标任务
×月	×月×日—×月×日	完成……

Ⅶ. 教学步骤和学时分配（表 1－2）

表 1－2　项目学时分配表　　单位：学时

<table>
<tr><td colspan="4" rowspan="2">项目小组任务（含男装的四个项目：裤子、衬衫、西服、茄克）</td><td colspan="2">课时分配</td></tr>
<tr><td>理论</td><td>实践</td></tr>
<tr><td colspan="2">一、准备阶段</td><td colspan="2">项目课程介绍，项目任务分析、小组分组，下达小组任务。</td><td>4</td><td>6</td></tr>
<tr><td rowspan="5">二、实施阶段</td><td>组别
工作任务</td><td>休闲装组</td><td>正装组</td><td>—</td><td>—</td></tr>
<tr><td>1. 课题调研分析</td><td>14</td><td>14</td><td>4</td><td>10</td></tr>
<tr><td>2. 款式系列设计</td><td>32</td><td>32</td><td>10</td><td>22</td></tr>
<tr><td>3. 结构与技术研究</td><td>22</td><td>22</td><td>12</td><td>20</td></tr>
<tr><td>4. 配件与工艺制作</td><td>47</td><td>47</td><td>10</td><td>37</td></tr>
<tr><td colspan="2">三、总结阶段</td><td colspan="2">各小组样衣拍照，成果汇总，纂写总结报告、文本制作（9 学时）</td><td>3</td><td>6</td></tr>
<tr><td colspan="4">项目合计 144 学时，其中理论 43 学时，实践 101 学时</td><td>43</td><td>101</td></tr>
</table>

Ⅷ. 考核方案

项目课程考核以过程性考试方式进行，注重的是学生工作能力的考核。课程的期末评分以成品、学习总结和阶段任务过程的表现为准。其中阶段任务过程占 50%，成品占 50%。阶段任务过程主要考核学生阶段任务的完成情况以及其在工作中的能力表现情况；成品的考核主要从设计、结构、工艺三个方面进行，由教师和企业分别给出评价，然后综合评分。

Ⅸ. 学生提问，教师答疑

学生就项目课程的有关内容提出自己的疑问和想法，教师回答，有争议的问题可以安排讨论，进一步加深对项目课的理解。

思考与练习

1. 男茄克项目课程的学习任务是什么?
2. 产品开发时主要有哪些时间控制表?
3. 写一篇自己对品牌服装的认知日记,文体不限(约 1 000 字)。

项目实施

第一阶段

产品设计

知识盘点

▶知识点一：男茄克的概念与历史

茄克衫又称“夹克衫”，茄克是英文 Jacket 的译音，指衣长较短、胸围宽松、紧袖口克夫、紧下摆克夫式样的上衣。茄克是男女都能穿的短上衣的总称。

茄克在英文里又称为 Blouson，是从 Blouser（在袋子里放入球）演变来的词语，是把罩衫或上衣的下摆用腰带或松紧带扎紧，使四周产生膨胀感的衣服。长度有的是在腰围线，也有的是在臀围附近，同英语的 Jumper 意思相同，原本 Jumper 是实用的工作服，被时装化以后，变成了潇洒的日常服。其款式、色彩、图案和面料等多种多样，也使男士们的衣橱丰富起来。

纵观世界时装的发展史，一直以来显得“重女轻男”化。在较长时间内，男性服装表现得较为标准化、程式化。在正式的社交场合多是西服、礼服等套装，而男性服装作为世界服装发展的一个重要组成部分，对世界服装发展以及男性着装观念的形成起着积极的作用，也越来越多样化和个性化。从总统、将军，到普通官员、知识分子，再到工商业界、工人农民，一件好的茄克，都可成为他们最惬意的选择，挥洒自如、轻松活泼。正如世界顶级时装设计师乔治·阿玛尼所说：“茄克是服装史上最重要的发明，集多样性和功能性于一体，适合于各个阶层的人”。

专业的服饰研究者认为，茄克得到世界范围内的广泛认可与盛行，在很大程度上反映了并得益于当前世界经济、各族文化、不同文明、价值取向的相互交融、兼容并蓄的盛况，世界更开放、更平等。而茄克，集合了优秀服饰所必需的各种优秀元素。好东西，当然会被全世界的人接受。因此，茄克，从其诞生那天起，就注定是一部传奇。

茄克衫，是从中世纪男子穿用的叫 Jack 的粗布制成的短上衣演变而来的。15 世纪的 Jack 有鼓出来的袖子，但这种袖子是一种装饰，胳膊不穿过它，耷拉在衣服上。到 16 世纪，男子的下衣裙比 Jack 长，用带子扎起来，在身体周围形成衣褶，进入 20 世纪后，男子茄克衫从胃部往下的扣子是打开的，袖口有装饰扣，下摆的衣褶到臀上部用扣子固定着。现代茄克的最初起源：茄克可以说是以一种革命的方式走向流行、走向时尚的。19 世纪末法国大革命时期，革命党人通过革命，废止了过去的“衣服强制法”，严重冲击了宫廷贵族那种奢侈繁琐的服饰，并将革命党人自己的装束——“茄克”推上了历史舞台，象征男性服装民主化，象征自由、平等、博爱的精神。

茄克衫自形成以来，款式演变可以说是千姿百态的，不同的时代，不同的政治、经济环境，不同的场合、人物、年龄、职业等，对茄克衫的造型都有很大影响。在世界服装史上，茄克衫发展到现在，已形成了一个非常庞大的家族。在现代生活中，茄克衫轻便舒适的特点，决定了它的生命力。随着现代科学技术的飞速发展，人们物质生活的不断提高，服装面料的日新月异，茄克衫必须将同其他类型的服装款式一样，以更加新颖的姿态活跃在世界各民族的服饰生活中。

茄克的流行同时装的流行一样，是在一个较长的时间内，为人们普遍采用的一种款式。一种流行款式从点到面，从少到多的过程说明了价值观普及化的过程。时装的流行通常具有两种性质：循环性和渐进性。循环性意味着一种重复，但这绝对不是一种单纯的重复，而是带着当下这个时代的风貌出现在人们眼前的。例如20世纪60年代的服装搭配多为下短上长，由于当时化纤面料和人造皮毛的出现和普及使更多的人们穿上平挺耐磨、廉价华丽的服装；70年代服装搭配的方式与60年代的相反，多为上短下长，其特点是领子大而尖，上衣较短，下装配长喇叭裤；80年代人们注重自然美，追求服装的宽松、适体和随意性；90年代，随着体育运动的普及深入化，已成为人们生活中不可缺少的一部分，由此，在茄克服里出现了许多运动的元素，例如跑步茄克衫、划艇茄克、登山茄克、高尔夫茄克等。

茄克衫的功能性是茄克衫设计中的重要组成部分。一件服装的防寒保暖性和穿脱的便利性，都属于功能设计的范围。例如跑步衫在面料的选择时，需选择弹性好、吸水性好的针织面料，并可能通过拉链和后领上风帽来调整身体的保暖程度。

在日常生活中人们对服装的功能提出特别的要求，例如假日外出、摄影、钓鱼、游玩少不了带一些零碎的小物件，用防水面料制作的有许多口袋的多功能的茄克，深受人们欢迎。

茄克衫是人们现代生活中最常见的一种服装，由于它造型轻便、活泼、富有朝气，所以为不同职业、不同层次的男士所喜爱。茄克衫自形成以来，款式演变可以说是千姿百态的，不同的时代，不同的政治、经济环境，不同的场合、人物、年龄、职业等，对茄克衫的造型都有很大影响。在世界服装史上，茄克衫发展到现在，已形成了一个非常庞大的家族。

表2-1　茄克的发展史

茄克衫——萌芽期	
时间	茄克衫款式
中世纪	在中世纪，男人们穿一种名为“Jack”的粗布短上衣，而它也正是今天茄克的鼻祖。这个时期，人们开始要求把人、人性从宗教束缚中解放出来，早期的茄克也带有明显的时代印记，袖子只是作为装饰品垂在衣服上，但它依然有个性解放之意。
17世纪	17世纪可以称为法兰西的豪华崛起时代。男人的着装历经了巴洛克（Baroque，葡萄牙语，意为变了形的珍珠）的艳丽格调和夸张装饰，又领略了洛可可（Rococo，意为假山、石堆）浓彩装饰和讲究曲线美感。
18世纪50年代	18世纪50年代男装开始回归简约。源自英国的产业革命使很多人进入工厂，工作的需要使他们的服装趋向简洁、实用，这样的社会现象带动了现代茄克雏形的产生。

（续表）

茄克衫——雏形期		
1789 年	在茄克的发展史中，法国大革命是具有标志性意义的事件。贵族的奢华在革命的炮火中灰飞烟灭，过于繁复的服装阻碍了人们的活动，象征男性服装民主化的茄克登上了历史舞台。大革命期间，一种叫卡尔玛尼奥尔(carmagnole)的茄克成为雅各宾派的典型着装。卡尔玛尼奥尔的特点是有很宽的驳头，挖兜设计，配有金属或骨制的钮扣。	 sans-culotte-blue carmagnole
1848 年	1848 年的"二月革命"时期，出现了无尾式短茄克，也就是西服上衣的前身，它的出现就像一座分水岭，使茄克开始以独立的服装形态出现在人们的视野。	
1848 年	正当法兰西沉溺于战火的纷争时，英格兰趁此机会成为欧洲的先行者。这时的英格兰出现了一种名为拉翁基(Lounging)的休闲茄克，裁缝们将燕尾服的下摆一刀裁掉，又删除了腰部的接缝，这样宽松的造型立刻大受欢迎。	
茄克衫——成长期		
1931 年	第二次世界大战中的飞行茄克，是美国服装设计的经典，始于 1931 年，经常被作为轰炸机茄克被提到，它的官方设计被称作飞行茄克。A－2 飞行茄克的设计标准是由美国陆军航空队定制的，作为 A－1 飞行茄克的替代和继承者。两个带有翻盖的外贴式口袋，衬衫式样的领子、肩绊、针织袖口和腰带，这些都是 A－2 飞行茄克简洁但是与众不同的显著特征。时至今日，收藏原品的 A－2 飞行茄克已经成为全世界的潮流。	
1937 年	英国老牌 Baracuta 的 G9 Harrington 茄克。经典款 G9 的面料采用高支纱的纯棉府绸，并经过杜邦技术处理，拥有很好的防风、防雨性能。肩部插肩的款式，让衣服对身材有更好的适应性。领子是 Harrington 茄克的经典款式，可以在寒冷的天气更好地保暖，并且穿起来显得无比的帅气优雅。背部有类似于风衣的雨伞褶，能保证 G9 在雨天也拥有良好的防雨透气性能。70 余年茄克的流行款式在不断地变化，而 G9 却始终屹立不倒，堪称经典中的经典，成为无数大牌明星戏内戏外的挚爱。猫王、丹尼尔·克雷格等明星都是 G9 茄克的粉丝。	 what you're feeling: The Presley 70th Anniversary Baracuta Icon Jackets
1939 年	艾森豪威尔(Eisenhower)茄克因美国前总统艾森豪威尔穿着而成名，其款式特征为：衣长至腰部、翻领、前面的开襟用拉链、胸前有盖式和褶盒形特大贴袋，袖口为有扣袖头。艾森豪威尔茄克之所以会成为战时的流行款，与它本身的功能性密不可分，一般情况下，面料会选用质地坚牢耐磨的华达呢、斜纹布等，并且服装短小精悍，利于活动，有着良好的机能。	

（续表）

19世纪80年代	诺福克茄克是一款装领的男式运动短茄克，在前片和后片有一个或两个箱型褶裥，安全饰带从褶裥底部处一直延伸至腰线。	 
20世纪初期	20世纪初期，服装上的革命从女装开始了，女人们摇曳的裙摆变得越来越短，这个时期的人们比任何时候都希望可以将身体从服装的束缚中解放出来。于是，一部分思想较为开放的绅士开始接受茄克，并且脱掉沉重的大衣将它作为非正式场合的日常服饰。	
20世纪40年代末	体育运动的蓬勃发展也促使作为便装代表的茄克开始向舒适化和运动化演变，这是茄克确定了现代形态之后飞速成长的时期。之后，整个20世纪便上演了一出茄克作为主角的舞台剧。40年代末流行的阿尔伯特茄克就是运动茄克的代表。	
20世纪70年代	70年代流行长及臀部的茄克、搭配紧身马裤骑车穿的巡逻茄克、大学茄克或前角茄克，每一款茄克的出现，都成为一种风格的代表。	
茄克衫——鼎盛期		
20世纪末	1968年的《裁缝和裁剪师》一书有过这样的记录："整整一百年，尽管休闲茄克在细节上有所改变，但它的结构不曾改变"。其实，此刻茄克正在逐渐向非正式化的着装演变。到了20世纪末，更多的工作服逐渐演变成了带有时尚元素的茄克，这些工作服式的茄克因其实用性与审美性的高度统一而深受青睐，更多地活跃在政治、经济、文化等领域，从而使茄克达到一个新的盛行高度。	

▶知识点二：男茄克的风格

风格是指创作者在创作中表现出来的艺术特色，是艺术作品在整体上呈现出的具有代表性的独特面貌。风格的形成有其主、客观的原因。艺术家创作个性的形成必然要受到其所隶属的时代、社会、民族、阶级等社会历史条件的影响。在审美上，风格可以大致划分为各种类型。本书从时代风格、民族风格和商业风格这三个角度着手来分析男茄克的风格。

时代风格（或称历史风格）、民族风格和商业风格这三个角度分别有其各自的切入点。时代风格是一个历史时期的服装创作所表现出来的共同特点，这个共同特点使这个时代的服装与其他时代相区别。民族风格是每个民族在服装上所表现出来的与其他民族相区别的特点。从一个民族的范围来说，民族风格更多表现为相对稳定性的一面(当然也有发展，只是较缓慢)；而时代风格则表现了这种民族风格发展的阶段性和历史性，更多地表现为变动性的一面。由于男装行业不同于女装，有其自身的发展特点，前面提到时代风格和民族风格还难以概括所有的男装风格，因此本书单列出商业风格，从男装的视野来分析茄克这一个单项的风格特点。

(一) 时代风格

1. 新古典主义风格(18 世纪中叶)

说到新古典主义风格的流行，就不得不提及古典主义，因为古典主义趣味的复兴部分归因于人们对古典理想体型的认可和向往。新古典风格从简单到繁杂、从整体到局部，精雕细琢，镶花刻金都给人一丝不苟的印象。一方面保留了古典主义在材质、色彩的大致风格，仍然可以很强烈地感受传统的历史痕迹与浑厚的文化底蕴；另一方面又摒弃了过于复杂的肌理和装饰，简化了线条，与此同时我们从男士的身上看到了一种高贵的骑士精神、东方的内敛与西方式的浪漫融于一身。

2. 军旅风格(20 世纪初)

从 20 世纪始到现在，无论是在男装还是女装上都烙下了军旅风格的深深痕迹，这种印记不论是对 20 世纪第一次、第二次世界大战的反省，还是对现在世界范围内不断爆发的区域战争的忧虑，抑或是对拥有力量和权力的男人形象的向往，无不透出一种阳刚、坚毅的个性。当男装身上多了几颗装饰性的徽章，多了把野外生存的匕首等一系列视觉符号时，所有这些都是以怀旧手法重新演绎经典的军装元素；长裤裤管被塞进靴子，像是军旅装束中的绑腿，隐喻和视觉震撼同样丰富；倘若在男装身上频频出现特大号袋子与瘦窄的可洗皮衣以及经典的防水军用大衣，就会形成绝妙的搭配组合；再加上裁剪精致的细条纹套装、双排扣"克龙比式"大衣，搭配普通的马甲、草莓色衬衫、沉沉的链带、闪烁发亮的饰品，金属扣袢与皮革的加入，为摩登的军装风格注入了更多英气。

3. 波普主义风格(20 世纪 50 年代)

波普主义是短暂的、流行的、可消费的、低成本的、大量生产的、有创意的、性感的、迷人的以及大商业的。波普主义风格起源于第二次世界大战结束后的 20 世纪 50 年代，在功能主义思想的影响下，其灵感来自对消费社会及流行文化的意象。现代主义设计的理性特点极大地影响了战后成长起来的年轻人，他们不喜欢造型简单、色彩单调、功能突出的设计产品，当以沃霍尔为代表的美国的波普艺术运动拓展开来的时候，声光影的幻彩诱惑，激发了人们对色彩景观无限的向往，很快这种带有浓厚的反现代主义色彩的多样性和趣味性的设计得到了人们的认可。今天我们经常可以看到波普式图案在 T 恤上、印花衬衫上、毛衫上出现，甚至在牛仔裤上合成照片、组合艺术和拼贴印刷也十分普遍。男装在色彩上打破了以往沉闷的中性色的传统，开始运用高明度的绿色、粉色、蓝色、柠檬黄以及这些色彩穿插的条纹，这些条纹带来跳跃的视觉效果，并应用在衬衫、领带、裤装、T 恤的设计中。条纹多为不均匀的，从粗细间隔到色彩都有丰富的变化，这些都是早期男装所不曾经历过的。

4. 中性主义风格(20 世纪 50～60 年代)

20 世纪 50～60 年代男装掀起“孔雀革命”，指男性时装渐趋于华丽的倾向。因雄孔雀比雌孔雀更美，借此比喻。中性主义风格是近些年来一直很特别又非常值得关注的风格，不论它是针对男性还是女性，因为它所表达的正是两性间性别鸿沟的一种消融和模糊，中性主义风格的服装对男性来说已经成为追求精致生活品位的代名词。2005 年男装纷纷向以浪漫为主题的女装看齐，甜美的浪漫风吹进了男装流行圈，吹起了有如花样美男般精致时髦的新男装潮流。不失阳刚之气的流行旋风，却又比以往曾经流行的中性风格更甜美一些，比规规矩矩的斯文形象更柔弱一些，在细节上玩转出更多色彩与款式的变化，增添了男装的可看性。都市丽男、花样美男这些流行词已成为一种不间断的趋势。

5. 解构主义风格(20 世纪 60 年代)

现代解构主义风格起源于 20 世纪 60 年代，解构主义是从结构主义中演化出来的，是对结构主义的破坏、分解和重组。它是一种对某种结构进行解构以使其骨架显现出来的方式。解构看重的是差异和重复，而不是对立和矛盾。在近些年的服装设计中，就经常可以看到以这种概念引导而设计出的服装，将上衣、裤子、领带、帽子和手套分别搁置在原本不属于它的位置上，错乱的搭配推翻了它原有的定义，这种风格的设计对男士的服装来说相当具有颠覆性的影响，似乎它在“摧毁”男人衣冠堂皇的形象，与此同时更多的是给男士带来了新的释放空间，排解了一种所谓社会正统的视角压力，带来了更多的视觉刺激。如同在男人的身体上建造一所解构主义风格的建筑，表达出一种动态特征、空间张力和快乐精神。

6. 嬉皮风格(20 世纪 60～70 年代)

嬉皮士原本是用来描写西方国家 20 世纪 60～70 年代反抗习俗和当时政治的年轻人。嬉皮士用公社式的流浪的生活方式来反映出他们的民族主义和对发动越南战争的厌恶，他们提倡非传统的宗教文化，批评西方国家中层阶级的价值观。从服装的细节上看，以繁复的印花、圆形的口袋、细致的腰部缝合线、粗糙的毛边、珠宝的配饰等为特点；从颜色上看，暖色调里的红色、黄色和橘色，冷色调里的白色和灰色仍然是最佳的经典知性色，绿色和蓝色也受到嬉皮士们的追捧。

7. 摇滚朋克风格(20 世纪 70 年代中期)

摇滚风格是一个影响较大的时尚流行风潮，而这个原本是从舞台走向生活的音乐形式，之所以能逐渐成为一种生活方式，就是想要说明：“我们没有钱，但我们不麻木；我们的声音小，但我们要有发言权”那种与世相争的风格。当他们把这种风格用在男性服饰设计上时，就用粗的朋克腰带和牛仔裤搭档，轻松自如地体现出自由而又狂傲不羁的性格；用较细长的朋克腰带和衬衣、细裤搭配又给人一种精致的感觉。男装设计不但在颜色上打破了经典百搭中的黑和白，而且在材料运用上，诸如麻绳、绸缎等许多新材料也加入到男装设计中。男人身上带有金属拼贴花纹的朋克风格配件、皮带上铆钉形状的金属颗粒、高低起伏的音阶式色彩，这种颇似另类又有节奏感的设计能让男人的阳刚之气多了份阴柔之美。当男装的休闲风格与华丽风格上演时，朋克风格则紧随其后，或者隐藏在他们的脖子上或手腕上。不对称剪裁是体现朋克风格不循规蹈矩的最好道具，很好地反映了朋克一族的性格。同样，不对称剪裁也是朋克风中变异最大的，无论是正统的朋克服装还是脱于朋克风的晚装，现在许多服饰都喜欢用不对称和不规则的剪裁设计，让衣服显得更加别致(图 2-1，图 2-2)。

图 2-1　英国朋克乐队

图 2-2　英国最为著名的被誉为“英国朋克革命急先锋”的“性手枪”乐队

（二）民族风格

1. 欧美风格

欧美风格是指艺术作品、商品等事物在整体上呈现出欧美事物的面貌，或者具有欧美面貌的特点，欧美风随性、简单，不同于以简约优雅著称的英伦风，它随性的同时，讲究色彩的搭配，与后期的波希米亚风融汇，应该说欧美风更广泛，很国际化。欧美风格的男装既有最前卫的服装款式，也有最保守的经典款式；整体风格叛逆、混搭、年轻，加上一点点颓废，一点点摇滚。传统与反叛是欧美风格的真正精神所在。

2. 英伦风格

英伦风格并没有明确的定义，甚至在大陆和港澳台地区的解释也都不一样。比较一致的定论是英伦风格的最大特点就是有英国君主制特点，也就是皇家特点。从大陆地区来说，明显的英伦风格的服饰主要集中在年轻人穿的英伦学院风格和英伦复古风格。前一个风格最明显的特点就是左胸带有学院徽章，这个徽章一般是由领主徽章、家族徽章，或者是由当时的国王所赐的徽章演化而来的。后者多半以在服饰上采用英国宫廷礼服元素的衬衫居多，而且因为没有版权问题，基本所有品牌都有应用。我们常说的英伦风格其实很狭隘，就是指英伦学院风。

3. 东方风格

所谓“东方风格”，简单讲就是在服装设计中借用东方服饰的造型特点或加入某些东方感觉的元素而形成的一种流行风格。中国的“唐装”、“旗袍”，日本的“和服”及印度的“沙丽”等服饰形态多种多样、造型独特，这都为设计师们提供源源不断的设计灵感，并根据这些服饰创造出了一波又一波的流行风尚。古老的服饰文化赋予了“东方风格”深厚的文化底蕴，而“东方风格”的盛行与其自身的服饰特点也是密不可分的。

（三）商业风格

1. 休闲风格

休闲是指在非劳动及非工作时间内以各种“玩”的方式求得身心的调节与放松，达到生命保健、体能恢复、身心愉悦的目的地一种业余生活。休闲风格的男装最为常见，款式造型随意轻松，搭配方法多样，具有都市气息。休闲风格的男装以穿着与视觉上轻松舒适为主，年龄层跨度较大，适应多个阶层的日常穿着。休闲风格的男装在造型元素的使用上没有太明显的倾向性。点造型和线造型的表现形式很多，如图案、刺绣、花边、缝纫线等；面造型多重叠交错使用以表现一种层次感；体造型多以零部件的形式表现，如坦克袋等。

2. 商务风格

商务的英文定义为 business ，商务是广义的概念，是指一切与买卖商品服务相关的商业事务。商务风格的男装以商务性工作场合为穿着环境，款式造型和服饰搭配介于正装与休闲装之间，张弛有度。

3. 运动风格

运动风格的男装不仅仅局限于体育比赛，其造型上注重创造轻松活泼的氛围，讲究运动的舒适性和功能性。常借鉴运动装设计元素，充满活力，穿着面较广，是具有都市气息的服装风格。运动风格男装会较多运用块面与条状分割及拉链、商标等装饰。从造型元素的角度讲，运动风格多使用面造型和线造型，而且多为对称造型；线造型以圆润的弧线和平挺的直线居多；面造型多使用拼接形式而且相对规整；点造型使用较少，偶尔以少量装饰如小面积图案、商标形式体现。服装轮廓多以 H 形、O 形居多，自然宽松，便于活动。面料多用棉、针织或者棉与针织的组合搭配等可以突出机能性的材料。色彩比较鲜明而响亮，白色以及各种不同明度的红色、黄色、蓝色等在运动风格的服装中经常出现(图 2-3)。

图 2-3 运动风格茄克

4. 前卫风格

前卫风格受波普艺术、抽象派别艺术等影响，造型特征以怪异为主线，富于幻想，运用具有超前流行的设计元素，线形变化较大，强调对比因素，局部夸张，零部件形状和位置较少见，追求一种标新立异、反叛刺激的形象，是个性较强的服装风格。它表现出一种对传统观念的叛逆和创新精神，是对经典美学标准做突破性探索而寻求新方向的设计，常用夸张、卡通的手法去处理形、色、质的关系。前卫风格的男装多使用奇特新颖、时髦刺激的面料。如各种真皮、仿皮、牛仔、上光涂层面料等，而且不太受色彩的限制。

产品设计

男茄克产品设计阶段是一个创造性的综合信息处理和再造的过程，本阶段涵盖了几个产品设计过程程序，包括市场调研、色彩架构、面料架构、第一波产品款式设计、装饰工艺的技术实现、第二波产品款式筛选等。

下方产品设计阶段过程图(图 3－1)为本阶段的内容架构，其中粗线迹表示虚拟品牌“卡萨(Carcer)”茄克产品开发的任务流程。

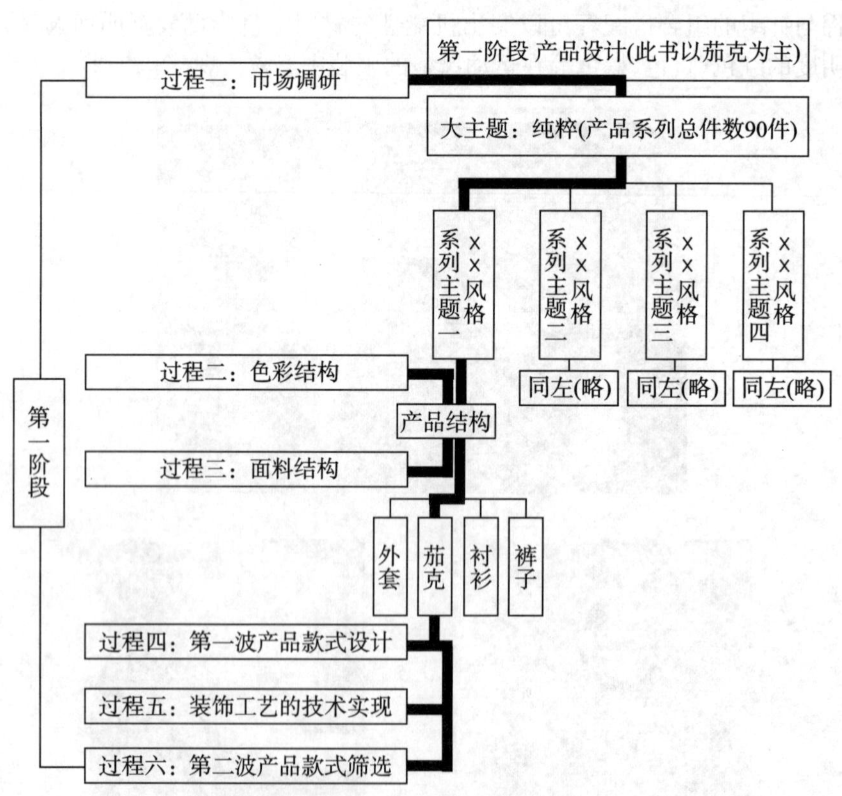

图 3－1　茄克产品开发的任务流程

过程一：男茄克品牌产品设计市场调研

一、市场调研的内容

在品牌产品开发之前，设计师必须首先做到了解、分析、研究和掌握目标市场情况，而想要获得第一手原始资料，提高设计产品对市场的适应性、敏感性，设计师必须积极主动进行市场调研。

（一）男装市场现状分析

调查表明，我国有47%的男性经常购买和翻阅时装类报刊，有35%的男性对服装流行趋势非常关注。男士对于穿着有时尚化、细分化的要求，企业自然要相应地实现产品细分化。数据表明，我国男装市场中男茄克占45%、衬衣占6%、毛衣占11%、T恤占10%、羽绒服占10%、裤装占12%左右、其他占6%左右，还有配饰有时能占到8%左右(图3-2)。整个产品细分化说明消费者品牌意识凸现，流行趋势导向作用增强。中高档品牌男装，特别是市场上占有率高的品牌男装正在进一步实现品牌细分。

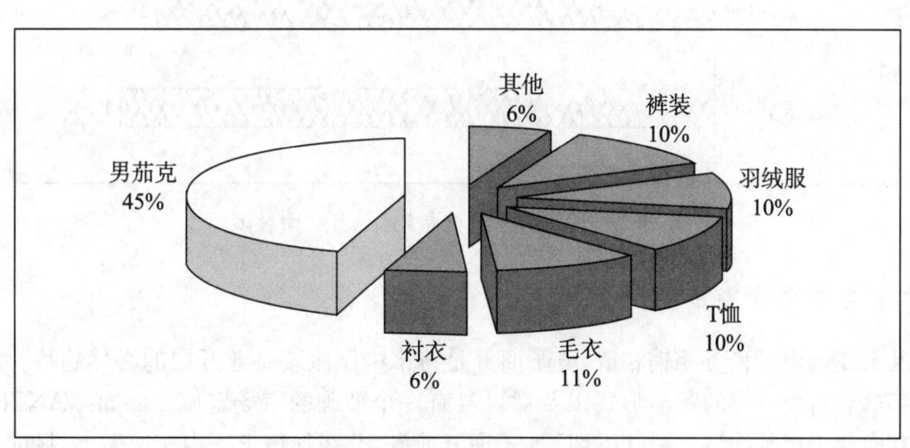

图3-2 中国男装细分产品消费结构图

目前，我国男装消费市场越来越重视品牌的选择，调查发现，男性消费者在购买男装时首先考虑的是服装的品牌，调查指数为75%，其他才是设计的款式、价格等(图3-3)。

未来男装行业将向三方向发展：实用性方面——各类男装都拥有庞大的消费群，发展势头将更加强劲；品质方面——男装高品质主要体现在面料、制作工艺和细节设计上，并通过品牌表现出来；个性化方面——多样化和个性化产品才能满足消费者的个人诉求，而流水线、标准化生产的竞争力将逐步趋弱。根据我们对北京、上海、深圳等城市的大量调查数据表明，男装消费者的选择越来越倾向于实用、品质优良，同时设计方面要求更具有个性特点。具体调查结果如图3-4。

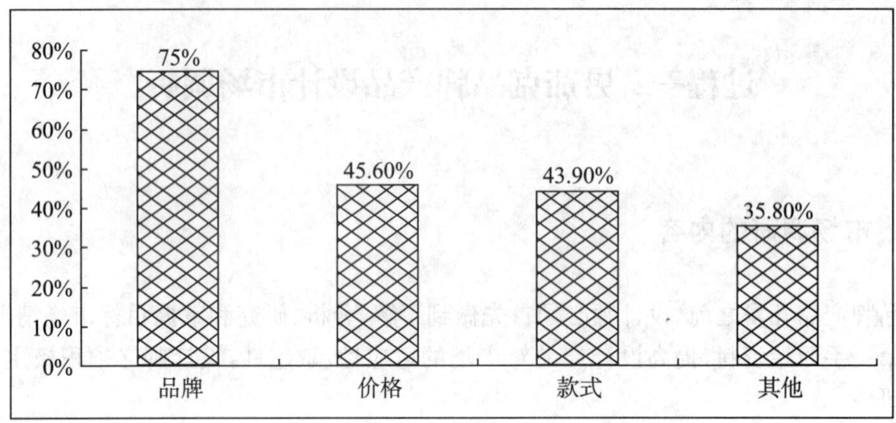

图 3-3　中国消费者选择男装时的影响因素

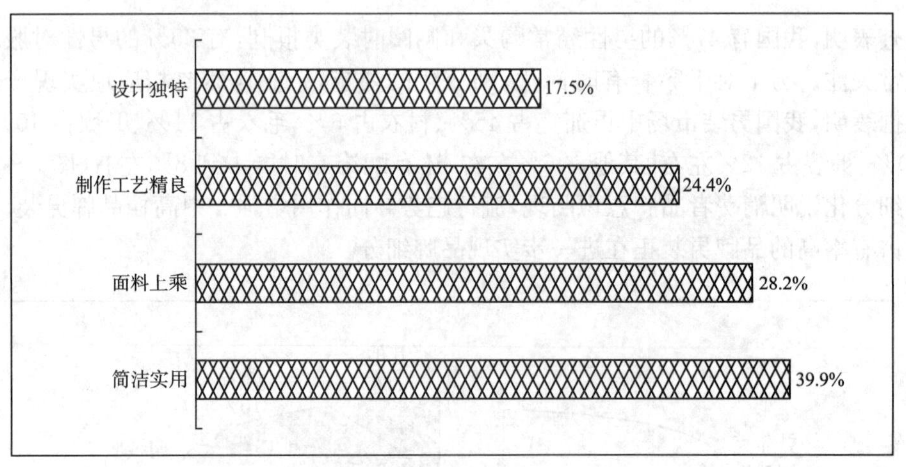

图 3-4　中国男装消费者需求选择方向对比

（二）男装电子商务市场分析

男装分销与电子商务相辅相成，电子商务是将来中国服装企业开展的必然趋势。服装企业要找到适合自身状况的贸易形式以及对自身有一个准确的市场定位。例如：VANCL（凡客诚品），其专注于男装网络直销，以 B2C 形式展开业务，并在很短工夫内疾速做大，目前已经成为中国男装的佼佼者。而网络销售与保守营销不同，它是双向的营销形式。服装是网上购买人数最多、金额也最高的商品。接近六成（57.8%）的网上购物消费者在网上买过服装，服装也占到了全部网购金额的约 1/4（23.5%）。各种服装电子商务平台中，占绝对优势的仍是 C2C 电子商务平台，淘宝以超过 100%的增长速度带动服装电子商务整体份额的增长。

（三）调研内容

市场调研的内容根据每次调研所需要解决的问题有所选择，除了设置常规的问题外，还可以增加特别想了解的内容。图 3-5 是市场调研中针对卖场进行调研的主要内容，具体内容可以根据实际的调研课题进行组合、选择或增加，从而组成一套快捷、准确、经济有效的调研内容。

	内容	说明
专柜形象	道具	边柜、中岛柜、货架、模特、灯具、衣架、展示柜、摆件
	广告	宣传画、广告品、出样、包袋、吊牌、样本
	细节	卫生、货品
商场环境	位置	商场和专柜的位置、朝向、楼层
	环境	商场的档次、周边的其他品牌
	地段	地区档次
产品形象	款式	风格、系列、品种
	色彩	主色、副色、点缀色
	面料	名称、成分、观感、手感、价格
	工艺	版型、做工、价格
	数量	货品数量、品种数量、色彩数量
	价格	产品分类价格带、典型产品价格、折扣价
销售情况	指标	店方销售指标、销售分成方式
	实绩	年销售实绩、月销售实绩、商场销售排名
	结算	结算方式、提成方式、回款期限
服务情况	营业员	人数、年龄、性别、外形、收入、精神
	服务	语言、技能、态度、程序
	售后服务	退换货、货品修补
顾客情况	人群	年龄结构、时尚程度、购买方式
	驻足	停留人数、流动人数
	翻看	挑选翻看商品人数
	询问	主动向营业员询问商品情况的人数
	试衣	试衣人数和试衣件数
	购买	实际购买人数和购买件数

图 3-5　调研内容

二、市场调研报告的格式

调研报告通常有两个功能，第一个功能用于向上级汇报，第二个功能用于自行分析数据和情况，但无论哪种功能均是为下一步决策设计提供可靠清晰的参考信息。特别是汇报给上级的调研报告，因阅读报告的人基本上是繁忙的企业经营管理者和有关机构负责人，因此，撰写市场调研报告时，要力求条理清楚、言简意赅、易读好懂、图文表格清晰明了。

市场调研报告由标题、目录、概述、正文、结论与建议、附件等几部分组成。

1. 标题

标题和报告日期、委托方、调研方，一般应打印在扉页上。

关于标题，一般要在与标题同一页上把被调研单位、调研内容明确而具体地表示出来，如《关于××品牌服装的市场调研报告》。有的调研报告还采用正、副标题形式，一般正标题表达调研的主题,副标题则具体表明调研的单位和问题。

2. 目录

如果调研报告的内容、页数较多,为了方便读者阅读,应当使用目录或索引形式列出报告所分的主要章节和附录,并注明标题、有关章节号码及页码,一般来说,目录的篇幅不宜超过一页。

例如目录:

- 调研设计与组织实施
- 调研对象构成情况简介
- 调研的主要统计结果简介
- 综合分析
- 数据资料汇总表
- 附录

3. 概述

概述主要阐述课题项目的基本情况,它是按照市场调研课题的顺序将问题展开,并阐述对调研的原始资料进行选择、评价、做出结论、提出建议的原则等。主要包括三方面内容:

第一,简要说明调研目的。即简要地说明调研的由来和委托调研的原因。

第二,简要介绍调研对象和调研内容,包括调研时间、地点、对象、范围、调研要点及所要解答的问题。

第三,简要介绍调查研究的方法。介绍调查研究的方法,有助于使人确信调研结果的可靠性,因此对所用方法要进行简短叙述,并说明选用方法的原因。

4. 正文

正文是市场调研分析报告的主体部分。这部分必须准确阐明全部有关论据,包括问题的提出到引出的结论,论证的全部过程,分析研究问题的方法,还应当有可供市场活动的决策者进行独立思考的全部调查结果和必要的市场信息以及这些情况和内容的分析评论。

5. 结论与建议

结论与建议是撰写综合分析报告的主要目的。这部分包括对引言和正文部分所提出的主要内容的总结,提出如何利用已证明为有效的措施和解决某一具体问题可供选择的方案与建议。结论和建议与正文部分的论述要紧密对应,不可以提出无证据的结论,也不要提出没有结论性意见的论证。

6. 附件

附件是指调研报告正文包含不了或没有提及、但与正文有关必须附加说明的部分。它是对正文报告的补充或更详尽的说明。包括数据汇总表及原始资料背景材料和必要的补充技术报告,例如为调研选定样本的有关细节资料及调研期间所使用的文件副本等。

三、市场调研报告的内容

市场调研报告的主要内容有:

第一，说明调研目的及所要解决的问题；
第二，介绍市场背景资料；
第三，分析的方法。如样本的抽取，资料的收集、整理、分析技术等；
第四，调研数据及其分析；
第五，提出论点。即摆出自己的观点和看法；
第六，论证所提观点的基本理由；
第七，提出解决问题可供选择的建议、方案和步骤；
第八，预测可能遇到的风险、对策。

四、客观调研结果与主观预定目标的关系

1. 客观调研结果是主观预定目标的依据

调研结果应该是建立在客观、公正的调研基础上的，在整个调研过程中，不能带有或尽量避免调研者对调研对象的个人好恶。如果主观因素过多地贯穿于整个调研过程，先入为主地对一些问题发表看法，那么，调研就失去了意义。调研结果是为了给决策者在预定目标时提供具有现实意义的依据的，使得有主观意识的预定目标不至于偏离现实，保证预定目标的可行性和可操作性。

2. 主观预定目标可以对客观调研结果修正

品牌企划的预定目标不可避免地带有一定的主观意识，是经营决策者综合各种情况加上经营期望值而做出的目标规划。经营者应该是业内有经验者，对整个业态有比较深入的了解。如果是初始涉足服装行业的投资者和经营者，更要慎重地制定预计目标，此外，由于取样范围或取样人数可能在调研过程中产生虚假数据，所以，应根据自己的判断，在一定范围内注入自己的理解，对客观调研结果做有限的修正。

■ 案例：

要求：

关于男装品牌市场调研报告

调研时间：2009 年 10 月 1 日～10 月 7 日
调研地点：商场和专卖店
调研对象：店长、顾客、设计主管
调研目的：
(1) 了解相似品牌的风格；
(2) 收集典型款式；
(3) 总结该品牌面辅料的特点；
(4) 可供决策者进行独立思考的全部调研结果和必要的市场信息；
(5) 问题的方案与建议。
学生习作：见图 3-6

关于太平鸟品牌市场调研报告

调研时间：2009 年 10 月 1 日～10 月 7 日

调研地点：天一广场

调研对象：太平鸟服饰

调研目的：

(1) 了解相似品牌的风格；

(2) 收集典型款式和细节设计；

(3) 总结该品牌面辅料的特点。

1. 公司简介

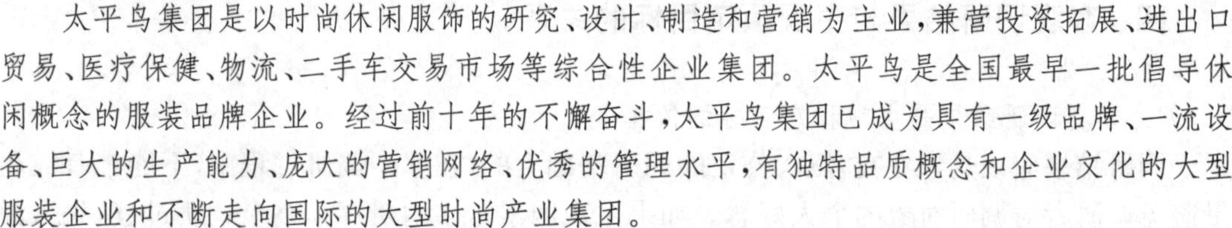

太平鸟集团是以时尚休闲服饰的研究、设计、制造和营销为主业，兼营投资拓展、进出口贸易、医疗保健、物流、二手车交易市场等综合性企业集团。太平鸟是全国最早一批倡导休闲概念的服装品牌企业。经过前十年的不懈奋斗，太平鸟集团已成为具有一级品牌、一流设备、巨大的生产能力、庞大的营销网络、优秀的管理水平，有独特品质概念和企业文化的大型服装企业和不断走向国际的大型时尚产业集团。

迈步新十年，太平鸟集团将继续秉承“倡导时尚理念、引领时尚生活”的企业使命，以国际知名的大型跨国集团和中国创造的世界品牌为企业的远大发展愿景，紧紧把握时尚的发展主线，坚持系统性拓业、专业化运行、规范化管理、和谐性发展的原则，倾力打造经营永续、基业常青、品牌永恒的大型时尚企业。

2. 服装风格、特点

太平鸟时尚产品以“职业生活休闲”理念为导向，聚焦在 25～40 岁追求时尚的男性，太平鸟款式以休闲、正装、商务为主产品。整体和谐、主题完整、适合搭配，设计时尚、简约流畅，优雅大方，前卫而不失稳重，个性而不张扬，体现了时尚、年轻气质与休闲情趣。价格定位春夏以 200 元为轴心，秋冬以 400 元为轴心，在终端打造与众不同的个性魅力商业模型。以店铺的气氛与魅力吸引人，以店铺中丰富的产品留住人。太平鸟服饰以“真男人，永不停步”的价值核心来统帅整个营销活动，在长期的贯彻执行过程中，向受众传播太平鸟服饰的经典商务风格和真男人的服饰文化。

3. 服装款式、色彩及面料

太平鸟男装服装款式新颖，能随着时尚的流行而流行；并且时尚领先、创新领先、精品奉献；色彩也是当季流行色；以高档的全毛面料以及一些科技面料为主。

4. 调查结论

太平鸟打造的是一种优雅、活力、现代感的时尚形象，那种超然的贵族气息，无关乎权势、金钱、家庭地位，是一种天赋才华、努力与坚持超越的信念。象征着“吉祥、和平”的太平鸟多年来一直以“精益求精、追求卓越”的态度，倾力打造出职业装领域的时尚精品！

“太平鸟”系列衬衫、PB 休闲男装以风格时尚、款式经典、新颖流行著称。正装与简约的巧妙结合，新潮与生活化的融合，和平、吉祥的体现，亲和与个性的张扬，理性、简约、休闲、时尚。并且专卖店客流量每 30 分钟约 150～300 人次，店面布置约有 150 平方米的大气展厅，用同类色陈列法。

展望品牌未来：随着水平的提高使得人们着装需求越来越讲究个性化和多元化，并且希望品牌有较高的文化品位和附加值。今后服装的发展有赖于文化的积淀，大到品牌形象、服装风格、店面装修、小到领口、袖口的细节处理，只有融入了独特的文化，并且做深做透，才能在服装行业辟出蹊径，稳稳立足，使太平鸟能够争创“中国第一时尚品牌”。

调研品牌：太平鸟、洛兹、雅戈尔　　　　调研地点：宁波天一

调研内容 调研品牌	品牌风格	品牌产地	年龄定位	价格定位	款式类别	新款设计特点（款式与造型）	新款设计特点（面料）	新款设计特点（色彩）	客流量	店面及展柜布置	备注
太平鸟	大气简约经典的设计风格	宁波	25～40	300元到2000元不等	正装、休闲装、商务休闲装	以休闲正装、商务正装为主，款式休闲时尚，造型上优美大气	以高档的全毛面料以及一些科技面料	以黑、白、灰以及一些中国红等色为主	30 min 150到200人次	约150 m² 的大气展厅、用同类色陈列法	
洛兹	典雅、简约的时尚设计风格	宁波	25～40	300元到2000元不等	正装、休闲装、商务休闲装	以商务休闲为主，款式典雅，富有设计感，从造型上线条流畅、简约	以高档的全毛面料以及功能面料	以随色系为主	20 min 150到200人次	约150 m² 的展厅、简约的装饰陈列法	
雅戈尔	简洁商务绅士风格	宁波	25～45	200元到1000不等	休闲西装与套装西装	浪漫的欧陆风情，智慧的东方情感，明快的线条，成就流畅的版型，严谨的剪裁，精细的手工缝制与毛衬工艺，感受举手投足的精英气质，款款尽显雅戈尔服饰风采	以羊毛、天丝面料为主，弹性莱卡和牛筋料，兼具环保与时尚，舒适而美观	本季采用亮色，渐渐席卷而来，扫去经典之色，向青年白领靠近	30 min 150到400人次	约150 m² 的展厅、精致的装饰陈列法	
调研总结	通过这次调研活动，使我进一步了解了当前男装品牌的定位、风格、设计理念以及品牌的趋势，也了解到国内流行动态及其流行趋势。										

调研人：曹娇龙　调研时间：2009.10.7

图 3-6　男装市场调研

过程二：男茄克产品色彩策划

一、男茄克色彩设计

在男茄克产品设计中，色彩的地位相当重要，如何进行服装色彩的搭配显得尤为重要。与其他设计行业一样，服装色彩设计是一项将美学和科技相融合的创造性行为。色彩搭配组合的形式直接关系到服装整体风格的塑造。设计师可以采用一组纯度较高的对比色组合来表达热情奔放的热带风情，也可通过一组彩度较低的同类色组合来体现服装典雅质朴的格调。不同的搭配组合方式会展现无限的色调和情感，但把没有关联的色彩杂乱无章地拼凑在一起，会令人产生厌烦的情绪，而有意地将不同的色彩有机组合，则会呈现出独特的魅力，给人赏心悦目的感受。

男茄克产品色彩策划中组成服装的色彩形状、面积、位置的确定及其相互关系的处理，是根据穿着对象特征所进行的色彩的综合考虑与搭配设计。首先，服装整体各个要素的搭

配要通过色调、色彩对比或调和来体现，比如服装与服饰品、面料与款式、服装与穿着对象、服装与环境等；其次，服装色彩要与服装整体设计所要传达的理念协调一致。对服装色彩的研究跨越了物理学、心理学、设计美学、社会学等多个学科，因此，服装色彩设计是一项复杂的工作，受到诸多因素的影响。

服装色彩本身的特性可以通过该表格来表示：

表 3-1　服装色彩的特性

时代性	受经济、科技发展及社会思潮的影响，每一个时代都有它的主流色彩风貌。比如航空航天技术引起的太空未来风潮；世纪末的怀旧风潮；非和平事件带来的压抑感而引起的自由浪漫的风潮等
象征性	服装色彩的使用会涉及与该服装关联的民族、时代、人物、性格、地位等因素。服装色彩可以说是民族精神或民族审美的象征，它也可以是人物性格的最好体现
流动性	服装会随着人的活动而进入各种场所，与该场地的环境色彩共同构成特有的色调和气氛。男茄克产品色彩设计中将穿着的地点、环境作为设计构思的一个因素
审美性	服装上的并不具有真正"掩形御寒"的实用功能，而是对人们爱美之心的表达、愉悦之情的体现。服饰和色彩所产生的视觉效果和精神作用，直接反映了人的审美观念和取向
功能性	服装色彩除了体现社会习俗和审美需求的这些功能以外，某些特殊行业的服装需要特殊色彩以体现其特殊功能，比如消防、航天部门等
季节性	一年四季，男茄克色彩会随着季节的更替而不断变化。一般地说，春夏季偏轻快、艳丽，秋冬季偏中性、灰暗。也有反季节色彩的设计，比如冬季选用温暖的色调
宗教性	各具特色的宗教对服装色彩有一定的影响力

在男茄克产品色彩策划时首先要遵守 TPO 原则，TPO 是英文（TIME，PLACE，OCCASION）三个词首字母的缩写。T 代表时代、季节、时间；P 代表地点、场合、职位；O 代表目的、对象；TPO 原则是国际通用的服装与色彩搭配原则，该原则通过款式类型、色彩、搭配等服装语言要素，传达符号性信息和程式化特性，形成男装中约定俗成的潜在规范和易于识别的规律性，被普遍认可和接受而成为一种通行的着装和色彩搭配惯例。

色彩按照色系分为两大类：第一类为无彩色系，第二类为有彩色类。而这两大类构成了色彩的总和。

表 3-2　色彩分类

	色调	常用色彩名称	色彩感觉与象征	设计风格	面料感觉	色彩搭配
无彩色	黑色调	黑、碳黑、炭黑、玄色、赤黑色	稳重、绅士、酷、帅；庄重、肃穆、永久、神秘、死亡、冷酷	黑色服装不仅适合于社交场合，也适用于前卫风格的设计	纯黑色天鹅绒面料富有高贵感；棉布黑中偏灰色；皮革、漆皮则光泽感较好	黑色适合与各种有彩色搭配
	白色调	纯白、本白色、米白色	明亮、洁白、优雅、明朗；庄严、神圣、光明、朴素、诚实	白色可塑性很强，既适合正装男茄克类设计又适合休闲运动类茄克设计	白色丝绸冷傲；本白色亚麻布温暖；白色薄纱梦幻；皮革则高贵	白色能与任何色彩搭配
	灰色调	炭灰色、浅鸽灰、银灰色、珍珠灰、烟灰色	文静、高雅；谦和、中庸、单调、冷漠	灰色系适合表现古典、优雅与高品位的设计；现代感都市风格男装也常用灰色系表现	精纺毛呢细腻挺括；灰色棉布质感朴实；灰色涂层面料现代前卫	灰色能与任何色彩搭配，可起到调和色彩的有效作用

（续表）

	色调	常用色彩名称	色彩感觉与象征	设计风格	面料感觉	色彩搭配
有彩色	红色调	大红色、朱红、玫瑰红、酒红色	热情、喜悦、活泼、兴奋、激动；火、热、能量、愤怒、温暖、爱情	正装男茄克类设计可以采用明度较低的红色；休闲茄克类设计可以采用红色与其他色彩相搭配的设计手法	深红色斜纹卡其面料挺括有型；红色调针织卫衣布与摇粒绒舒适柔软	红色与色相环上临近的色相搭配比较容易协调
	紫色调	红紫色、蓝紫色、深紫色、浅紫色	高贵、神秘、浪漫、梦幻	紫色具有矛盾情感，在设计应用中要注意整体风格的把握	紫色涤纶面料光泽感较好；紫色斜纹棉布低调含蓄	紫色与绿色搭配醒目鲜艳；与灰色搭配协调
	蓝色调	天蓝色、海军蓝、藏蓝色、深蓝色	理智、宁静、悠远、宽广；希望、独立、高尚、朴素、悲伤、寂寞	蓝色经常和制服以及职业服联系在一起。鲜蓝色具有年轻、运动感；深蓝、藏蓝色表现成熟、稳重，是服装常用色	蓝色丝绸华丽高雅；蓝色毛呢温暖深沉；蓝色牛仔面料帅气粗犷；蓝色棉布朴素大方	低明度蓝色不宜与暗色系搭配，色调容易沉闷
	褐色调	红褐色、黄褐色、赭石、棕色、咖啡色	原始、自然、肥沃、成熟、古旧、浑厚、稳定、谦逊	褐色既适合成熟大气的设计风格，也适合诠释现代骑马装、猎装等休闲帅气的设计风格	褐色皮革随意大气；褐色调毛呢稳重内敛；褐色斜纹卡其布舒适休闲；褐色亚麻面料回归自然	褐色是中间色，与大多数色彩都能形成很好的调和
	绿色调	嫩绿色、黄绿色、蓝绿色、青绿色、粉绿色、松石绿、橄榄绿、青苔绿	生命、自然、成长、希望、神奇、清新、安逸、宁静、信心、繁茂、青春、和平	不同纯度的绿色常运用于军旅风格的设计，可以很好地衬托出男性的阳刚之气	军绿色斜纹卡其布粗犷沉着；绿色色丁类面料青春气息浓郁；墨绿色毛呢成熟知性；绿色棉布表现低调的活力，回归本色	明度较低的含灰绿色易于搭配，格调较高
	黄色调	淡黄色、明黄色、浅黄色、中黄色、土黄色	温暖、明快、灿烂、辉煌；光明、希望、华贵、能量、欢乐、财富	明亮的黄色适合诠释青春气息的设计风格；暗黄和金黄色调的光泽面料可以演绎出高贵、前卫及未来感	黄色调光泽面料青春时尚；毛呢面料温暖亮丽；黄色调棉布欢快个性	黄色与白色搭配有运动感；与其他色相搭配易受其影响
	橙色调	橙色、橘色、红橙色、黄橙色	温暖、明亮、辉煌、华美、兴奋、愉快、富丽、热烈；快乐、健康、夸张、激情、自由	橙色调常用于表现青春、时尚与现代的设计风格	橙色调的色丁面料有着天生的贵族气息；涤纶面料则适合表达年轻活力和运动感	橙色与色相环上临近的色相搭配比较容易协调

(一) 正装男茄克面料色彩(面料色彩与图案设计、面料与里料色彩搭配、面料与装饰用材料色彩搭配)

正装男茄克分割线较少,款式设计上比较保守,面料色彩以无彩色的搭配为主。

1. 无彩色系的服装面料配色

无彩色既经典又时尚,是经久不衰的颜色类型。黑色和白色是色彩的两个极端,它们相互补充,成为人们最喜爱的、最实用的永恒搭配。如果关注每年的时装发布会,我们就不难发现时尚界的部分设计师很钟情于这些颜色。不分季节,不分款式、品牌,无彩色都是人们衣柜里不可缺少的一部分。正装男茄克常选用无彩色系和中性色面料,除了常见的单色面料以外还有人字呢、暗花面料和黑白格子(图 3-7)。

2. 无彩色与有彩色的面料配色

在服装色彩的运用当中,黑、白、灰由于不受年龄、性别等诸多因素的限制,所以适合大部分消费群。在现实生活当中,并不是每个人都懂得服装色彩的搭配,那么无彩色与其他色彩的搭配是最保险的一种选择。

(1) 黑色与有彩色的面料色彩搭配

黑色看起来是一种很平凡的色彩,却可以与任何有彩色进行组合,其中,黑红、黑白是最经典的服装面料色彩搭配。在面料的运用上,为了打破黑色的沉闷感,可以选择不同质感的面料来丰富着装效果,或运用配饰之间不同材质的改变来增强黑色不同寻常的风采。

Tom Ford 白色搭配灰色男外套

Iceberg 2010 春夏男士成衣(男茄克)黑白格子配色

图 3-7 无彩色系的服装面料配色

(2) 白色与有彩色的面料色彩搭配

白色象征神圣、高尚,就像古希腊崇尚白色一样,它是崇高的标志。在西方的很多国家,白色象征对纯洁、纯真的向往和追求,新娘穿的白色婚纱就延续至今;在东方,白色的运用也很广泛。例如，回族的服饰，韩国和中国的朝鲜族也是“白色民族”等。白色的适用范围很广，不论是作为正式场合的穿着，还是职业性能的表现，抑或家居服等等都可以作为它们的主要色彩。在与其他有彩色搭配的时候同样要注意色彩面积的对比，切勿忽略整个服装的视觉中心，避免画蛇添足。

(3) 灰色与有彩色的面料色彩搭配

灰色是黑色与白色以不同比例混合的各种深浅不同的灰色系列。灰色的不同明度带给人们的视觉效果，可造成积极或消极的感觉，有时也会表现出呆板、单调的效果，要综合运用色彩的面积、面料等来弥补灰色的不足之处。灰色在每年的流行发布会上已成为年轻人产品的首选色，多用于毛衣、大衣、套装的表现。男性穿着灰色能表现出自身稳健、自信的风采，白领女性则用灰色套装展现自己的干练。

（二）休闲男茄克面料色彩

相对而言，休闲男茄克面料色彩偏向于以属性为主的搭配。休闲男茄克分割线比较多，这种分割方式装饰意味较强，给人以跳跃、醒目、运动的感觉。面料与里料色彩搭配，面料与装饰用材料色彩搭配。在男茄克设计中以色相为主的搭配有：同类色搭配、近似色搭配、对比色搭配、相对色搭配四种。

1. 以色相为主的搭配

(1) 同类色的面料色彩搭配

同类色搭配是指在色相环上 45°范围内的色彩，通过明暗深浅的不同变化来进行搭配。比如：青配天蓝、墨绿配浅绿、咖啡配米色、深红配浅红等，同类色搭配的服装显得柔和文雅(图 3-8)。

深红+浅红

墨绿+浅绿

图 3-8　同类色搭配

(2) 邻近色的面料色彩搭配

邻近色搭配是指在色相环上 90°范围内的色彩，这种搭配看上去和谐，令视觉感到舒服。优衣库(Uniqlo)品牌的畅销基本款摇粒绒两面穿茄克的面料配色大多采用邻近色的色彩搭配。邻近色搭配给人们温和协调之感，色相环中相邻的颜色，与同类色搭配相比较，色感更富于变化，所以它在服装上的应用范围比同类色更广(图 3-9)。

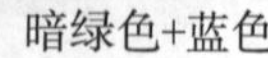

暗绿色+蓝色　　暗红色+橙色

图 3-9　优衣库(Uniqlo)摇粒绒两面穿茄克

(3) 对比色的面料色彩搭配

对比色的搭配是指色相环 105°～170°范围内的色彩,搭配后的效果活泼、强烈,所体现的服装风格鲜艳、明快。如 nike、addidas 的运动休闲茄克在色彩上通常选择对比较强烈的色彩搭配。

(4) 相对色的面料色彩搭配

相对色也叫互补色。相对色搭配是指色环上 180°两端相对的色彩搭配,如红与绿、蓝与橙、黄与紫的搭配组合,具有强烈的对比性,有互相衬托的效果,比对比色搭配更为强烈。在相对色配色中要注意面积比例、主次关系,同时也可通过加入中间色的方法使对比效果更富情趣。

2. 以明度为主的面料色彩搭配

选择一个色相与它不同明度的色彩搭配,可以组合成高明度的配色、类似明度的配色、中明度的配色、对比明度的配色和低明度的配色五种服装色彩搭配方式。色彩的整体效果明快、清新、柔和、稳重、含蓄。例如:白色上衣配白色或浅米色裤子;黄色上衣配米黄色裙裤;浅蓝色衬衣配深蓝色西服。这类色彩搭配的特点比较注重整体的和谐统一,尤其适合职业女性,可显示出稳重、成熟的个性。

3. 以纯度为主的面料色彩搭配

在色彩的处理上纯度过强或过弱,会使服装产生过分朴素,或过分华丽、过分年轻、过分热烈等感觉。色彩纯度的强弱是指在纯色中加入不等量的灰色,加入的灰色越多,色彩的纯度越低,加入的灰色越少,色彩的纯度越高,这样可以得出这一纯色不同纯度的浊色,我们称这些色为高纯度色、中纯度色、低纯度色。高纯度色有显眼的华丽感觉,中纯度色柔和、平息,低纯度色涩滞而不活泼,运用在服装上显得朴素、沉静。

(三) 男茄克纹样图案设计

服装图案对服装有着极大的装饰作用。虽然在服装构成中缺少图案纹样作装饰也能成为完整的服装,也可能成为某些服装的品牌,但是没有图案的时装实在是越来越少了。服装设计有赖于图案纹样来增强其艺术性和时尚性,也成为人们追求服饰美的一种特殊要求。服装图案将越来越多地融入到当代男士休闲茄克、运动茄克和户外茄克等服装设计之中,使它成为服装风格的重要组成部分。

1. 纹样图案

纹样图案也称为服装纹样，往往用在单色面料上，是由服装设计师按服装设计的需要，附加在服装表面上的装饰图形。服装纹样是这类服装的重要组成部分，甚至可以构成设计中心，起到美化装饰、充实内容的作用。茄克纹样大多是在服装制作过程中，在服装面料裁片上进行加工的。采用服装纹样设计可以提高服装的品位和档次，增强服装的形式美。服装纹样用于男式茄克时，企业品牌的品牌标志(LOGO)通常以服装图案的形式出现。品牌标志作为图案出现时，一方面是服装的视觉焦点，另一方面又进一步强化了品牌形象。当品牌标志出现在男装茄克上时，标志的位置通常放置在左前片的上方，根据设计需要也可以将服装标志位置安排在袖口或下摆等处。除此以外，好的男装茄克设计往往还体现在标志色彩与服装面料色彩的搭配上(图 3－10、图 3－11)。

图 3－10　茄克标志图案

图 3－11　茄克标志图案

图 3－10，此款藏蓝色茄克的品牌标志图案色彩选用了无彩色搭配，采用了白色的标志图案，视觉效果简洁而有力。

图 3－11，此款灰绿色男茄克与蓝色品牌标志采用了邻近色配色。

服装纹样更广泛地应用于休闲茄克和运动茄克，将图案用于服装的某些部位，如领子、袖子、前片、后片、下摆等部位，整件服装以清地为主，局部用图案点缀来打破了单调感，服装上图案有变化但不零乱，突出重点，主次分明(图 3－12～图 3－15)。

图 3－12　Ralph lauren 男茄克

图 3－13　Ralph lauren 男茄克

图 3－12，字母图形纹样点缀在 Ralph lauren 男茄克袖口、下摆、门襟等多处 。

图 3－13，Ralph lauren 男茄克数字结合几何图形的点缀突出了该款服装的运动感。

图 3－14　Ralph lauren 男茄克

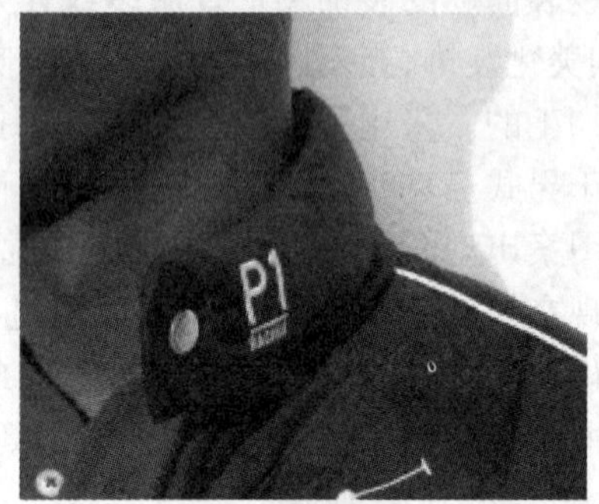

图 3－15　Ralph lauren 男茄克

图 3－14，茄克袖子部分的字母以及美国星条旗图案进一步强化了动感休闲的时尚印象。

图 3－15，领口部位的字母及数字图案装饰。

2. 面料图案

面料图案是指各类花型图案面料，这类面料往往出自印染厂的图案设计师之手，是在面料染色过程中印染在面料坯布上的图样。当服装设计师从市场采购面料时，花型图案的选择空间相当大。一般来说，男茄克面料图案可以分为动物图案、风景图案、人物图案和几何图案四种。几何图案的概念是以几何形为装饰形象的服饰图案，其历史非常久远，而且每个时代、每个民族都赋予它不同的特点和风貌(图 3－16)。

图 3－16　民族风格色彩与图案的面料纹样设计

当代的几何形服饰图案的特点主要在于强调其自身的视觉冲击力。单纯、简洁、明了的特点及严格的规律性很符合现代文明的价值取向和人们的审美趣味。几何形服饰图案一般以方、圆、三角及各种规矩的点、线、面为主体形象，组织结构规律而严谨，具有简约、明快、秩序感强等特点。

几何图案在男茄克面料上通常有三种表现形式：

（1）利用面料原有的几何形图案转化为服饰图案。即常见的用“格子布”、“条纹布”或“几何形花布”制作男茄克。这些几何图案通常是作“满花”装饰，在男茄克上均匀分布(图3-17)，也有作局部利用，或各种拼接处理的。

图 3-17　男茄克图案

（2）以不同色彩或不同材质的面料在服装上做各种几何形块面的拼接，形成块面感强而且较为简洁的几何装饰。其特点是单纯、明朗，多用于运动茄克或休闲茄克。

（3）以不同形象的图案在服装上做局部或边缘装饰。运用在男茄克中的抽象或几何图形有单独式的，也有两方连续的，通常前者较为单纯醒目，后者变化丰富而且应用较广。由于制作工艺的特点，几何图案在针织、编织类运动茄克中运用尤为普遍(图3-18)，而且还常伴有“半几何图案”，即以几何形塑造的人物、动物、花卉等图案形象。

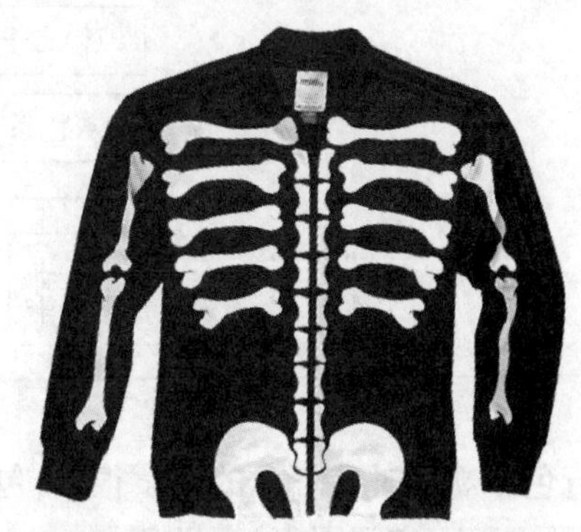

图 3-18　男茄克图案

3. 高科技图案

采用现代高科技手段替代手工加工，如利用电脑绣花进行机械刺绣，在面料上进行仿挑花、打籽等刺绣效果，或进行印染等加工方法，采用这些方法可节省时间；也可在面料上进行刺绣图案数码印刷；水晶烫片也可以快速地将设计图案实现在面料上，形成华丽的珠串效果。将这些机械化生产的图案用于现代服装，体现了民族图案对现代服装服饰的贡献。

二、色彩架构的含义

色彩是新季度产品的视觉要素之一，有序的色彩架构是多系列产品所必需的，这是对色彩进行规划的理性阶段。色彩架构是指，在一个季度中，所有产品的具体色彩关系。这与设计学中色彩构成的概念有相通之处。色彩构成可以针对一个设计作品，如一件服装、一幅广告、一张桌子等；而产品色彩结构则将这种色彩关系扩大到整个季度的产品，如整季产品的色调倾向、色彩的组合关系等。

色彩架构与色彩概念的区别：色彩概念是充满灵性的，模糊、不确定的，是一种整体的感觉与氛围；而色彩架构是确定的、理性的，通过深入的思考将色彩概念固化、细化的结果。(图 3－19)

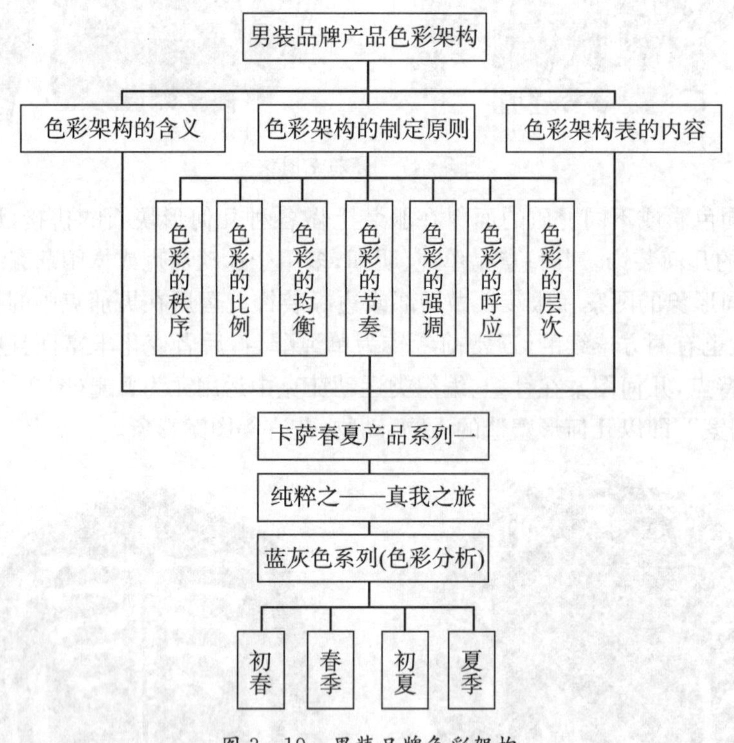

图 3－19　男装品牌色彩架构

在进行色彩规划时要考虑的因素很多，包括品牌的整体风格定位（整体色彩风格）、时间因素（季节的推移）、空间因素（卖场色彩）、上/下装单款色彩搭配、整个季度中各个款式的色彩搭配等。

三、色彩架构的制定原则

制定色彩架构以品牌风格、色彩概念为指导方向，遵循色彩构成的原理。色彩架构将整个季度的新产品视为一个整体，注重各产品之间的色彩关系，注重整体色彩的布局与经营，

效果,面积过小,易被所包围的色彩同化而失去强调的作用。

在色彩架构中,强调色通常出现在一个小系列中,成为整盘新货的亮点。这个系列的推出需要经过其他系列的烘托与铺垫,一般会在第一或第二次上市时推出,给人眼前一亮的感觉。有时,一个花色面料系列也可起到强调色的作用。

6. 色彩的呼应

在色彩架构中,呼应是使色彩获得统一、协调的常用方法。配色时,任何色彩的出现都不应是孤立的,它需要同一或同类色彩彼此之间的相互呼应,或者色彩与色彩之间的相互联系性。具体地说,就是一个颜色或数个颜色在不同部位的重复出现,使之你中有我、我中有你,这是色彩之间取得调和的重要手段之一。

色彩架构中色彩的呼应包括:系列与系列之间的呼应、系列内部产品之间的呼应(外套与里层服装、上装与下装、服装与服饰配件等)。

7. 色彩的层次

色彩架构中色彩层次主要指色彩表现在服饰产品中的空间感。一般指在同一系列中的产品的上下、里外的层次。在服饰配色时,无论是哪一种层次组合都必须依靠明度对比、色相对比、纯度对比、冷暖对比等手段进行配色。对比越强,层次感就越强;对比越弱,层次感就越弱。

我们可以通过某品牌发布的产品来看色彩的秩序、比例、均衡、节奏、强调、呼应和层次。该品牌共五个系列:黑白系列、深浅咖啡色系列、蓝色与咖啡色系列、紫色与咖啡色系列、金黄色与咖啡色系列。我们看到五个系列中都用了咖啡色作为调和的线索,使整体统一、和谐。这是一种非常聪明的做法,因为咖啡色是一种非常中庸的色彩,它可以与各种色彩和谐共处,同时也有衬托其他色彩的作用。从五大系列的色调计划来看,黑白系列和深浅咖啡系列属于经典色彩系列,可常年使用;而蓝色与紫色系列则属于当年的流行色,增加产品的时尚感;金黄色系列活泼而明度高,属于点缀和闪亮系列,用以增加整体产品的活力。

四、色彩架构表的内容

色彩架构表列出了每个系列的主色调、每个具体的色彩,也确定了单系列中的色彩比例。它具体规定了每个系列可使用的大部分色彩,留有小部分的调节空间,可在后面的系列设计中微调。

色调,也即色彩的主色调,是色彩架构的生命。色彩架构中色彩的总倾向、总特征是直接传达整体品牌概念的重要因素。就像论文的中心论点一样,当确定了中心论点后,论据、论证均是围绕中心论点展开的。在制订色彩架构时,可将所有的系列产品组合成各种不同灰度、明暗关系的调和色组;也可以组合出各种有对比效果,呈对比状态的色彩关系。这些色调是在前期的色彩概念基础上的进一步深入和具体化,由于色彩架构中必须确定具体的色彩,因此国际通行的 PANTONE(潘通)色号可以用来标注,可以为面料的采购和染色提供依据。

从上图中我们可以看出,做色彩规划首先应选准色彩。图中纯净的蓝色、轻盈的紫色、深深浅浅的咖啡色、闪闪发光的金黄色都是经过深思熟虑的，非常准确。其次，杰出的设计师可以将少数几个色彩搭配出非常丰富的色彩效果。每个系列之间的色彩都有呼应，色彩比例分配相似，非常有节奏感和秩序感。

■ **案例：**

卡萨 2011 春夏色系（图 3－20、图 3－21）

根据以上要领，卡萨 2011 春夏色系可以提炼为以下色彩，系列之一：纯粹之——真我之旅（蓝灰色系列）

系列之一 ——NO.1

纯粹之——真我之旅

系列产品风格表现：野外、自由、轻松、表现真我、有较强时代感，展现个性的一面。

主要色调采用：黑、灰、蓝。

黑、灰、蓝色是男人衣橱里经常出现的颜色，它们既简洁又复杂，可塑性强，与象征夜晚、幻想恬静的蓝色相伴，在整体系列中融入灰色起衬托效果。结构自由、简约，细节多元化，风格明快、清爽，反映穿着者精神的愉悦，表达其高雅的品味，也是目标客户在真我之旅时对其形象和塑造真我风格的诠释。

图 3－20　案例

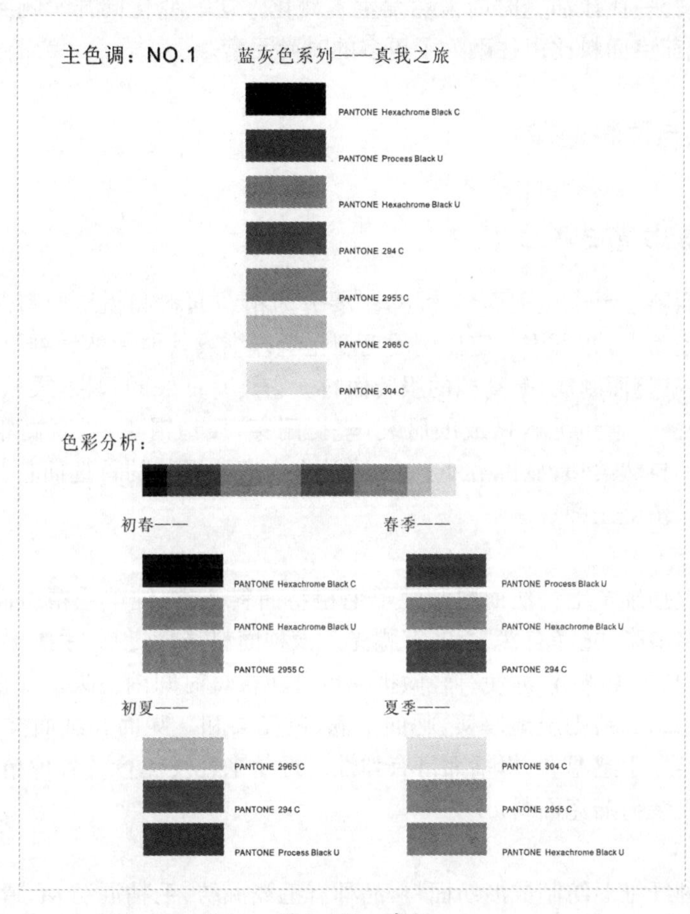

图 3-21 案例

过程三：男茄克产品面料

在男性追求舒适自然的前提下，现代男茄克紧随时尚潮流，而且时装化趋势越来越明显，甚至受前卫风格的影响现代男茄克款式变化丰富，结构或简单或复杂，色彩紧随流行趋势或强调个性配色。面料选择注重多元化组合的层次感和对比感，材质或刚硬或柔软、或有光泽或无光泽、或透明或不透明、或针织或机织，可以运用各种新型材料，紧随时尚，引导流行。

男茄克产品迅速崛起并且备受消费者青睐，在于其强调了对人及其生活的关心以及参与了人们改变现代生活的方式，使人们在部分场合和时间里，摆脱了来自工作和生活等方面的重重压力。男茄克产品的涵盖范畴越来越广，成为男性日常生活中最主要的一类服装，其面料也是所有服装类别中最丰富的。

目前，随着 80 后乃至 90 后年轻人逐渐变为社会主流，都市生活和商务生活成为着装考

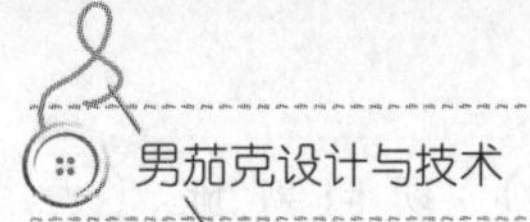

虑的首要因素，年轻一代让茄克时尚悄然发生了变化。这一变化同样影响到了正装和休闲茄克的面料，现代茄克面料比以往融入了更多的时尚元素。

一、男茄克与面料选择

（一）冬季男茄克面料选择

冬季男茄克面料选择以毛呢面料为主，主要分为精纺面料和粗纺面料两大类。精纺毛料以纯净的绵羊毛为上，亦可用一定比例的毛型化学纤维或其他天然纤维与羊毛混纺，通过精梳、纺纱、织造、染整而制成，是高档的服装面料。它具有良好的弹性、柔软性、独特的缩绒性、抗皱性和保暖性。精纺毛料做成的服装，坚挺耐穿，质地滑爽，外观高雅、挺括，触感丰满，风格经典，光泽自然柔和，显得格外庄重，通常作为高档男装的首选面料。按面料的成分可分为纯毛、混纺、仿毛三种。

1. 纯羊毛面料

纯羊毛面料包括纯羊毛精纺面料和纯羊毛粗纺面料两类，纯羊毛精纺面料大多质地较薄，呢面光滑，纹路清晰，光泽自然柔和，有膘光。该种面料身骨挺括，手感柔软而弹性丰富。紧握呢料后松开，基本无皱折，即使有轻微折痕也可在很短时间内消失。如华达呢、哔叽、直贡锦等。纯羊毛粗纺面料则质地厚实，呢面丰满，色光柔和。呢面和绒面类不露纹底，纹面类织纹清晰而丰富。手感温和，挺括而富有弹性。近年来开发流行的各种精纺羊绒面料，是适合不同款式的正装男茄克面料。

2. 毛混纺面料

毛可以与多种纤维混纺制成混纺面料，品种有毛涤混纺、毛粘混纺、毛腈混纺、毛丝混纺以及毛粘肪、毛粘锦三合一混纺等。常用的是毛涤混纺和毛粘混纺面料。毛涤混纺面料挺括但有板硬感，缺乏纯羊毛面料柔和的柔润感。弹性较纯毛面料要好，但手感不及纯毛和毛腈混纺面料。紧握呢料后松开几乎无折痕。毛粘胶混纺面料光泽较暗淡，精纺类手感较疲软，粗纺类则手感松散。这类面料的弹性和挺括感不及纯羊毛和毛涤、毛腈混纺面料。但因为价格适中，适合制作不同款式的男茄克。

3. 化纤仿毛面料

以各种化纤为原料，通过毛纺工艺制成外观似毛呢的面料称为化纤仿毛面料。传统上以粘胶（人造毛）纤维为原料制成的仿毛面料，光泽暗淡，手感疲软，缺乏挺括感。随着纤维种类的增加，仿毛产品在色泽、手感、耐用性方面都有了很大的改善，适合中低价位的休闲男茄克选用。

（二）春秋季男茄克面料选择

春秋季男茄克面料选择范围较广，按织法来分可以分为针织面料和梭织面料两大类。

1. 梭织面料

梭织面料是织机以投梭的形式，将纱线通过经、纬向的交错而组成，其组织一般有平纹、斜纹和缎纹三大类以及它们的变化组织(近代也由于无梭织机的应用,此类面料的织造不用投梭形式,但面料仍归梭织类);从组成成分来分类包括棉织物、丝织物、毛织物、麻织物、化纤织物及它们的混纺和交织织物等等。梭织面料在服装中的使用无论在品种上还是在生产数量上都处于领先地位。

2. 针织面料

针织布又或称汗布,是指制作内衣的纬平针织物。平方米干重一般为 80～120 g/m²,布面光洁、纹路清晰、质地细密、手感滑爽,纵、横向具有较好的延伸性,且横向比纵向延伸性大。吸湿性与透气性较好,但有脱散性和卷边性,有时还会产生线圈歪斜现象。

常见的汗布有漂白汗布、特白汗布、精漂汗布、烧毛丝光汗布等;根据染整后处理工艺不同有素色汗布、印花汗布、海军条汗布等;根据所用原料不同有混纺汗布、真丝汗布、腈纶汗布、涤纶汗布、苎麻汗布等。针织布总的可以分为经编类和纬编类。

针织面料具有质地柔软、吸湿透气、优良的弹性与延伸性及其可生产性。针织服饰穿着舒适、贴身合体、无拘紧感,能充分体现人体曲线。

现代针织面料更加丰富多彩,且已经进入多功能化和高档化的发展阶段,各种肌理效应、不同功能的新型针织面料开发出来,给针织品带来前所未有的感官效果和视觉效果。

(1) 醋酸纤维针织面料

醋酸纤维(Acetel)具有真丝一样的独特性能,纤维光泽及颜色鲜艳,悬垂性及手感优良。用其生产的针织面料手感滑爽、穿着舒适、吸湿透气、质地轻、回潮率低、不易起球、抗静电。采用醋酸纤维编织的针织乔其纱、玉米花等面料,得到消费者的偏爱。

(2) 莫黛尔纤维针织面料

莫黛尔(Modal)纤维是一种新型环保性纤维,它集棉的舒适性、粘胶的悬垂性、涤纶的强度、真丝的手感于一体,而且具有经过多次洗涤以后,仍然保持其柔软和光亮的色泽。针织工艺仍然将纤维与针织本身柔软蓬松、高弹舒适等特点相结合,使二者的优越性能相得益彰。在针织圆纬机(大圆机)上,采用莫黛尔和氨纶裸丝交织的单、双面针织面料,柔软滑爽、富有弹性、悬垂飘然、光泽艳丽、吸湿透气,并具有丝绸般的手感,用该种面料设计的时尚服饰,能最大限度地体现人体曲线,雕塑出女性胴体的性感和魅力,是前卫时尚族青睐的高品位针织服饰。

(3) 强捻精梳纱针织面料

强捻的精梳纱制成的凉爽型的针织面料不仅具有麻纱感,而且凉爽吸湿性好,特别是真丝加捻,是一种比较理想的高档针织面料,除了具有真丝的优良性能外,面料手感更丰满,而且较硬挺有身骨,尺寸稳定性好,具有较好的抗皱性,是高档职业装、休闲装的理想面料。

(4) Coolmax 纤维针织面料

具有四沟槽的 Coolmax 纤维,能将人体活动时所产生的汗水迅速排至服装表层蒸发,保持肌肤清爽,令活动倍感舒适。它有着良好的导湿性,与棉纤维交织的针织面料具有良好的导湿效果,被广泛地用来缝制 T 恤衫、运动装等。

(5) 再生绿色纤维 Lyocell 针织面料

再生绿色纤维 Lyocell、天丝与氨纶裸丝交织的针织平针组织(汗布)、罗纹、双罗纹(棉毛)及其变化组织的面料,质地柔软、布面平整光滑、弹性好,产品风格飘逸,具有丝绸的外观,悬垂性、透气性和水洗稳定性良好,都是设计流行性紧身时装、休闲装、运动装的理想高档面料。

(6) 闪光针织面料

闪光针织面料具有闪光的效果,一直是服装设计师的宠爱。在针织圆纬机(大圆机)上,采用金丝和银丝原料与其他纺织原料交织,面料的表面具有强烈的反光闪色效应或采用镀金方法,在针织面料上出现各种图案的闪光效应,而面料的反面平整、柔软舒适,是比较好的针织服装面料。用这种针织面料设计的紧身女时装及晚礼服,会透过闪光面料体现出耀眼、浪漫的风格,展示出针织面料光彩照人、华贵亮丽的韵味,全方位地表现针织服饰的风采,为产品开发提供了广泛的前景。

(三) 正装茄克与休闲茄克面料

1. 正装茄克面料

正装茄克造型上通常比较严谨。色彩上一般采用中性素色,或者是明度高但纯度低的色彩,稳重而不张扬。工艺装饰方面会比较讲究,以简洁、画龙点睛为原则,在细节处充分体现时尚和流行。面料上一般选用品质相对上乘的精纺面料,肌理细腻,如纯毛、毛涤混纺、丝绸、丝绒、毛丝混纺、植物纤维,针织与机织的结合、亚麻与棉的结合使用等,舒适而有形,与消费对象和穿着场合相符合。设计时可以利用材质对比,增加视觉效果。用于正装茄克的面料种类较多,包括棉、麻、丝、毛和化纤等面料,每种面料都风格各异。从季节角度出发,我们可以将正装茄克分为两类,春夏季常用面料和秋冬季常用面料。

正装茄克面料在春夏季节通常选用高品质的高支棉、重磅真丝或麻等具有轻快感的面料,正装茄克面料价位也相对较高。秋冬季常选用纯羊毛羊绒面料或高端化纤面料,另外,真皮和皮草也常运用在秋冬季节正装茄克的设计中。

在正装茄克面料选用方面应该注意以下几点:

(1) 面料纤维与纱线的种类、粗细、结构与服装档次一致;

(2) 面料结构,强调紧密、细腻;

(3) 面料色彩图案稳重、大方、不单一、适应面广;

(4) 面料性能,对于提高服装功能与效果发挥作用较为显著。

2. 休闲茄克面料

休闲茄克通常采用较为宽松的结构造型,便于活动,注重运动机能性。分割线可以比较多,装饰意味较强。色彩上通常会选择对比比较强烈的色彩搭配,给人以跳跃、醒目、运动的感觉。拼接、镶边、抽绳等装饰运用增强运动感,便于活动。面料上更加注重功能,如吸汗透气性强、保护性强。常用的面料有良好透气性与伸缩性的全棉、涤棉针织面料,耐磨的卡其布、牛仔布、灯芯绒、牛津布,保暖性较好的摇粒绒、夹棉绗缝面料,具有防水功能的 PVC 涂层面料、聚酯纤维面料等等。

下表按春秋季和冬季划分，将正装茄克和休闲茄克面料进行对比：

表 3－3　正装茄克和休闲茄克面料对比表

春秋季常用男茄克面料			
正装茄克面料	麻	麻性凉、爽滑，属于自然环保面料。近年来，欧洲的白领阶层，把麻类面料及服饰视为一种能充分体现高贵与时尚的服饰文化。国内也有许多品牌纷纷采用麻类面料来提升产品的档次。同时，麻通过高科技的生物脱胶技术，让麻纤维的可纺支数提高，纤维软化，并且使用柔软整理工艺和设备，从而形成面料皱而不死、柔而不软、爽而不硬的风格特性。	
	斜纹布	斜纹布通常采用 2/1 组织织制，织物正面斜纹纹路明显，反面比较模糊。经纬向均用单纱，线密度接近，织物经密略高于纬密。用细特纱织制的称细斜纹布，用中特纱织制的称粗斜纹布。所用原料有纯棉、粘纤和涤棉等。斜纹布布身紧密厚实，手感柔软。色细斜纹布用作制服、运动服布料和男茄克。	
	派力司	派力司是用羊毛织成的平纹毛织品，表面现出纵横交错的隐约的线条，适宜于做夏季服装。用混色精梳毛纱织制，外观隐约可见纵横交错有色细条纹的轻薄平纹毛织物。织物表面光洁平正，手感滑爽挺括。派力司是条染产品，以混色中灰、浅灰和浅米色为主色。	
	平绒	平绒又称丝光平绒，是采用起绒组织织制的纯棉织物。其特点是，经向采用精梳双股线，纬向采用单纱。按加工方法可分成经起绒和纬起绒，前者称割经平绒，后者称割纬平绒。织制后的织物再经轧碱、割绒，然后进行染色或印花的一系列加工，最后形成成品。平绒织物具有绒毛丰满平整，质地厚实，光泽柔和，手感柔软，保暖性好，耐磨耐穿，不易起皱等特点。	
	卡其	卡其系斜纹组织织物。卡其所用原料主要有纯棉、涤棉等。这种织物的结构紧密厚实、纹路明显，坚牢耐用。染色加工后主要用于春、秋服装布料。纱卡多用作外衣和工作服面料。	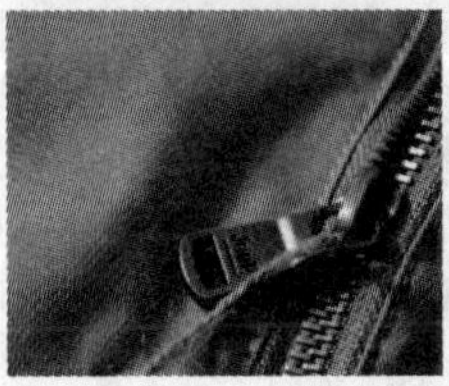

（续表）

春秋季常用男茄克面料			
休闲茄克面料	水洗布	水洗布是以棉布、真丝绸化学纤维、稠等织物为原料，经过特别处理后使织物表面色调、光泽更加柔和，手感更加柔软，并在轻微的皱度中体现出几分旧料之感。这种衣物穿用洗涤具有不易变型、不褪色、免熨烫的优点。较好的水洗布表面还有一层均匀的毛绒，风格独特。用水洗布制作的服装美观大方，颇受人们的青睐。	
	卫衣布	卫衣布是针织布的一种，英文为 Fleece。该类针织布均采用位移式垫纱纺织而成，故叫位移布或卫衣布。卫衣布一般都是毛圈布，而编织毛圈布的纬编组织一般都使用衬垫组织，衬垫组织又称起绒组织或称夹入组织，是在编织线圈的同时，将一根或几根衬垫纱线按一定的比例在织物的某些线圈上形成不封闭的圈弧，在其余的线圈上呈浮线停留在织物反而的纬编组织。从用纱种类来分单卫衣和双卫衣；从组织来区分为斜纹卫衣和鱼鳞卫衣。	
	尼龙布	聚酰胺纤维俗称尼龙(Nylon)，英文全称 Polyamide(简称 PA)。尼龙是美国杰出的科学家卡罗瑟斯(Carothers)及其领导下的一个科研小组研制出来的，是世界上出现的第一种合成纤维。尼龙的出现使纺织品的面貌焕然一新，它的合成是合成纤维工业的重大突破，同时也是高分子化学的一个重要里程碑。	
	GORE-TEX面料	GORE-TEX 面料是世界上第一种耐用防水、透气和防风面料。它突破防水与透气不能兼容的矛盾，通过密封性达到防水效果，并通过化学置换反应达到透气效果，同时具防风、保暖功能，在欧美被誉为“世纪之布”。世界顶尖的户外和运动服饰品牌几乎都采用 GORE-TEX 面料，为户外活动和体育爱好者提供周全的保护，并使他们充分享受户外活动的乐趣。	
冬季常用男茄克面料			
正装茄克面料	直贡呢	中厚型缎纹织物。呢面斜纹陡急，角度在 75°左右的称直贡呢；呢面斜纹平坦，角度在 15°左右的称横贡呢。直贡呢为主要品种。呢面光洁平整，斜纹清晰细密，手感挺括滑糯，富有光泽，常匹染成黑色，黑色的直贡呢又称礼服呢。除黑色外，还有其他各种深杂色、漂白色以及闪色和夹花等。	

(续表)

冬季常用男茄克面料			
正装茄克面料	华达呢	用精梳毛纱织制、有一定防水性的紧密斜纹毛织物，又称轧别丁，是英文的音译。常有斜纹组织，织物表面呈现陡急的斜纹条，角度约 63°，属右斜纹，面密度 270～320 g/m^2。质地轻薄的用斜纹组织，称单面华达呢，面密度 250～290 g/m^2；质地厚重的用缎背组织，称缎背华达呢，厚实细洁，重 330～380 g/m^2。华达呢呢面平整光洁，斜纹纹路清晰细致，手感挺括结实，色泽柔和，多为素色，也有闪色和夹花的。	
	麦尔登	用粗梳毛纱织制的一种质地紧密具有细密绒面的毛织物。英国创制，当时的生产中心在列斯特郡的 Melton Mowbray，故以地名命名，简称 Melton。主要用作大衣、制服等冬季服装的面料。经重缩绒整理后，织物手感丰润，富有弹性，挺括不皱，耐穿耐磨，抗水防风。	
	天然皮革	猪革：革表面的毛孔圆而粗大，较倾斜地伸入革内。毛孔的排列为三根一组，革面呈现许多小三角形的图案。 牛革：黄牛革和水牛革都称为牛革，但两者也有一定的差别。黄牛革表面的毛孔呈圆形，较直地伸入革内，毛孔紧密而均匀，排列不规则，好像满天星斗。 羊革：革粒面的毛孔扁圆，毛孔清楚，几根组成一组，排列呈鱼鳞状。	
休闲茄克面料	灯芯绒	灯芯绒(Corduroy)亦称条绒(Corded Velveteen)。语源起自法国“Cord Due Roya”英文翻译成“Corduroy”。以细线条为主。曾有一段时期被用来制成前开襟钮扣衫，不过由于极富西部风情，也可以当工作服穿，是秋冬素材的一种。	
	摇粒绒	摇粒绒是针织面料的一种，在 20 世纪 90 年代初先在中国台湾生产。它的成分一般是全涤的，手感柔软。它是近两年国内冬天御寒的首选产品。另外摇粒绒还可以与一切面料进行复合处理，使御寒的效果更好。比如说：摇粒绒与摇粒绒复合、摇粒绒与牛仔布复合、摇粒绒与羊羔绒复合、摇粒绒与网眼布复合中间加防水透气膜等。	

（续表）

<table>
<tr><th colspan="4">冬季常用男茄克面料</th></tr>
<tr><td rowspan="3">休闲茄克面料</td><td>牛仔布</td><td>牛仔布(Denim)也叫做丹宁布，是一种较粗厚的色织经面斜纹棉布，经纱颜色深，一般为靛蓝色，纬纱颜色浅，一般为浅灰或煮练后的本白纱，又称靛蓝劳动布。始于美国西部，放牧人员用以制作衣裤而得名。</td><td></td></tr>
<tr><td>人造皮革</td><td>一种类似皮革的塑料制品。通常以织物为底基，在其上涂布或贴覆一层树脂混合物，然后加热使之塑化，并经滚压压平或压花，即得产品。近似于天然皮革，具有柔软、耐磨等特点。根据覆盖物的种类不同，有聚氯乙烯人造革(PVC)，聚氨酯人造革(PU)等。</td><td></td></tr>
<tr><td>麂皮绒</td><td>麂皮绒即用动物麂的皮绒制作的面料。现在在布匹市场，麂皮绒已经成为了各种仿皮绒的俗称。包括牛仔仿皮绒、经向仿皮绒(布底仿皮绒)、纬向仿皮绒(色丁仿皮绒)、经编仿皮绒、双面仿皮绒、弹力仿皮绒等。麂皮绒面料的许多性能并不亚于天然麂皮，有许多性能甚至优于天然麂皮，如其织物毛感柔软，有糯性，悬垂性好，质地轻薄。</td><td></td></tr>
</table>

二、男茄克辅料

设计茄克时，除了面料以外用于茄克上的一切材料都称为茄克辅料。根据辅料在服装中所起的作用不同可以将其分为里料、衬料、填料、垫料和紧固扣件等。所有这些辅料，无论对与服装的内在质量，还是外在质量都有着重要影响(图 3 - 22)。

(一) 茄克里料

茄克里料是茄克最里层的材料，通常称为里子、里布或夹里，是用来部分或全部覆盖服装面料或衬料的材料。

里子的主要品种有天然纤维类、再生纤维类、合成纤维类、混织类等。

1. 棉纤维里料

天然纤维类的主要品种有市布、的确良、绒布、棉府绸、真丝电力纺、真丝斜纹绸等，多用于棉织物面料的休闲茄克衫。此类里料吸湿和保暖性较好，静电小，穿着舒适，价格适中。

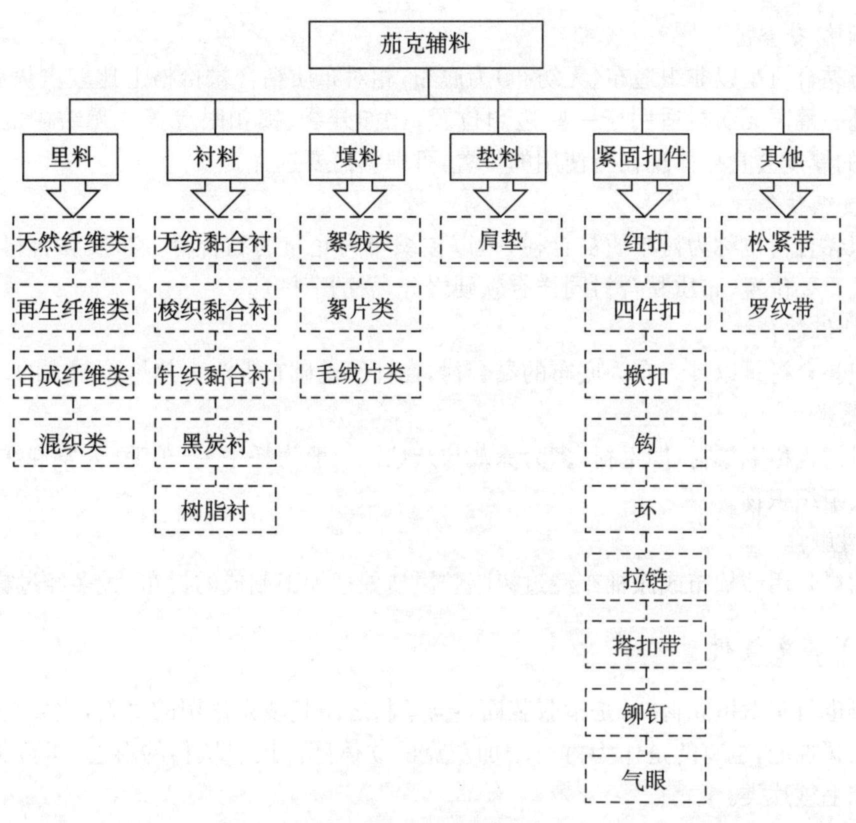

图 3-22

2. 再生纤维类

再生纤维类里料有美丽绸和羽纱，也称为粘胶纤维，应用范围较为广泛。中高档服装如正装茄克可以使用美丽绸做里布。里料平整光滑、穿脱方便、厚度适中、颜色丰富、易于热定型、成衣效果较好，但其湿强力较低、缩水率较大、容易折皱、不耐水洗。

3. 合成纤维类

合成纤维类里料有尼龙绸、尼丝纺、涤纶绸、网眼布等，其中的尼龙绸是一般服装常用的里料，质地轻盈，平整光滑，坚牢耐磨，不缩水，不褪色，价格便宜。但是吸湿性小，静电较大。穿着有闷热感，不够悬垂，也容易吸尘。可用于休闲茄克类中低档服装。

4. 混织类

混织类里料有棉黏织物、涤棉 TC 料等。混织类里料手感不如全棉舒服，穿着不如全棉吸汗。弹性好不易起皱，挺拔保型性好，耐光、热性好，洗涤后快干，洗后可穿性能良好，价格便宜。

（二）茄克衬料

衬料是指用于服装某些部位的、起衬托、完善服装塑型或辅助服装加工的材料，如领衬、胸衬等。

衬料种类繁多，按使用的部位、衬布用料、衬的底布类型、衬料与面料的结合方式可以分为若干类。主要品种有：无纺黏合衬、梭织黏合衬、针织黏合衬、黑炭衬、树脂衬及其他衬布等。

1. 无纺黏合衬

无纺黏合衬是以非织造布(无纺布)为底布,相对布质粘合衬价格上比较占优势,但质量无疑略逊一筹。无纺衬适用于一些边角位置,比如开袋、锁扣眼等等。无纺衬也有厚薄之分,它们的厚度会直接体现在所使用的位置,可根据需要选择。

2. 梭织黏合衬

梭织黏合衬也称为衬布质黏合衬,是以梭织布为底布的黏合衬。布质黏合衬常用于作品主体或重要位置,布质黏合衬同样有软硬之分,需酌情挑选。

3. 针织黏合衬

针织黏合衬是以针织布为底布的黏合衬,在针织基础布上涂上热熔胶制成的。

4. 黑炭衬

黑炭衬也称毛鬃衬,即毛衬,多为深灰与杂色。一般为牦牛毛、羊毛、人发混纺或交织而成的平纹组织织物。

5. 树脂衬

树脂衬是用纯棉布或涤棉布经过树脂胶浸渍处理加工制成的衬布,大多经过漂白。

(三) 茄克填料

填料也可叫做填充材料,是指服装面料与里料之间起填充作用的材料,主要是增强冬季茄克的保暖性能,也有的是作为衬里增加茄克的立体感。按照填料的形态,可分为絮绒类、絮片类和毛绒片类。

1. 絮绒类

絮绒类是指未经纺织的纤维或羽绒等絮状的材料,因其没有一定的形状,所以使用时要配置夹里,并且要求面里料有一定的防穿透性能,如高密度或经过涂层的防羽绒布。絮绒类有棉花、蚕丝、羽绒等。

2. 絮片类

絮片类是由纤维纺织而成的絮片状材料,它有固定的外形,可根据需要进行裁剪,使用时可不用夹里。絮片具有保暖性强,厚薄均匀,质地轻软,使用方便的优点。由于它可以直接按照规格尺寸裁剪,因此制作简单,适宜大批量生产。絮片类有涤纶棉、腈纶棉、太空棉、中空棉、海绵、弹力棉等。

3. 毛绒片类

毛绒片类指整片的材料裁剪形状后使用。毛绒片类主要有毛皮、长毛绒、驼绒等。

(四) 垫料

运用于男茄克的垫料主要有肩垫,肩垫可分为功能型和修饰型两种:功能型肩垫主要适用于休闲男茄克类;修饰型肩垫是用来对人体肩部进行修饰或彰显服装风格的一种服装工具,主要适用于正装男茄克类。

(五) 紧固扣件

根据不同茄克面料的特点合理选择紧固扣件的种类是很重要的。因扣件的选用不当,容易将面料拉穿或扣件拉脱，例如有些针织面料，其面料特点就是弹性大，且经纬密度又较其他面料的可塑性大，在选用金属扣件时就必须注意扣件铆接部位的形状，有单管形、五爪形或其他几何形状。在使用针织面料时，不易选用单管形状铆接的扣件，这种扣件开合时其开合力只集中在铆接点上，而由于在铆接时面料被击穿的原因，加上针织面料本身的特点，就非常容易击穿将扣件拉脱，面料拉坏。五爪扣其铆接是五个爪均匀分布在一个平面和圆周上，其装钉后开合的受力状态也是均匀分布的。针织面料和较薄型面料适宜用四件扣。

1. 钮扣

就是衣服上用于两边衣襟相连的系结物，有胶木、尼龙、聚苯乙烯、珠光有机玻璃、电化铝金属扣等不同材质。

2. 四件扣

所谓免缝钮扣是指不用线缝，而直接由钮扣上所带的某些附加装置连接在服装上的钮扣。例如四件扣，是由金属材料外表镀锌或铬的上下四件的结构组成。这种钮扣是通过上下铆合连接在服装上的，使用时只需按合或拉开，合启方便，坚牢耐用，可作羽绒服、茄克衫等服装的钮扣。

3. 揿扣

常用于茄克衫等服装。

4. 钩

指服装领部的铁制挂钩，有风纪扣、航空扣等。

5. 环

有圆形、方形、椭圆形等，原料为塑料、尼龙，也有有机玻璃等。环可以用来调节松紧，比较方便，也可以用作装饰，有拉心环、腰带卡等。

6. 拉链

又称拉锁。拉链的号数，是以拉链闭合后的宽度来量的。简单来说：数字越大，拉链越粗。通常我们茄克上的拉链都是 5＃的，像 8＃和 10＃这种都算特种拉链，很粗犷，要特别定做，通常比较少用。绝大多数的品牌衣服会在他们衣服的拉链上定做拉链牌，通常造型各异，而且上面都刻有品牌的标志。

7. 搭扣带

搭扣带的原理十分简单，它是由尼龙丝织成的带织物纺织品，一种带织表面织有许多毛圈，简称绒面；另一种带织物表面织有许多均匀小钩子，简称钩面。只要将这两种带子对齐后轻轻挤压，毛圈就被钩住，只能从搭扣的头端向外稍用力拉时才能撕开，也可称为鸳鸯袢、阴阳袢等。

8. 铆钉

是一种金属制一端有帽的杆状零件，穿入被连接的构件后，在杆的外端打、压出另一头，将面料压紧、固定，也可以作为装饰用。

9. 气眼

也叫鸡眼，空心铆钉。多为金属材质，偶见塑胶制品，用于服装配饰，多用于装有拉绳的休闲服装的帽子的出口，也可直接作为装饰用于服装表面。

除了上述男茄克辅料以外其他常用辅料，如松紧带和罗纹带，松紧带作为服装辅料，特别适合于运动茄克和休闲茄克；罗纹带其组织在横向拉伸时有优良弹性，不易卷边，常用在男茄克袖口、下摆和领口等部位。不同色彩和图案的松紧带和罗纹带不仅非常实用还能起到装饰作用。

三、男茄克面料的混搭

混搭，英文 Mix and Match，男茄克面料的混搭是指通过拼接或分割线的处理手法，将若干种不同风格或质地的面料运用在同一件男茄克上。任何设计风格的塑造都离不了实在的材质作依托，注意面料的细节变化则是调节设计风格紧跟时尚流行的捷径。服装的创意是与材质的组合、再造、装饰这些细节密切相关的，设计的灵性与才能也是通过这些而呈现光芒的。在服饰讲求个性，艺术风格越来越受到关注的时代，越是个性就越是艺术，不管是手工的或是高科技的，各种不同材料交替组合的手法和各种材质再造手段为男茄克的设计提供了无限丰富的表现手法和创作思路。当今的服装设计趋势是以材质为基本核心，把玩面料处理搭配技巧，通过材质发挥与众不同的特色。

四、中性化面料的运用

中性化面料是指常将女装设计中的柔美风格面料和民族风格面料运用于男装设计中。柔美风格的面料包括：棉布、蕾丝、天鹅绒、丝绒、薄纱、马海毛等各种线材；装饰细节有羽毛、珠片、管珠、玻璃珠等；工艺手法有彩绣、珠绣、编织、木耳边、局部抽纱处理等；色彩上白色、肌肤色、明度高纯度低的软性色、维生素色等都是柔美风格的代表。民族风格的面料包括：民族图案的面料，带有哑光或闪光效果的丝绸织物，土著矿物染料染成的各色棉布，经染色后色彩鲜艳的毛皮，纸质感的绉绸或褶皱织物；还有刺绣、手绘、染色等工艺手法和肌理感强的面料造型；具有民族特征的色系如土红、土黄和高明度低纯度的浓艳色调，还有大地色和金银等金属色。

过程四：第一波产品款式设计(男茄克)

本章以卡萨(Carcer)品牌春夏产品系列中的一个主题为例，根据该主题制定产品开发明细表，并结合男茄克的相关知识开始设计产品。

做品牌，应当视产品表现形式为一个整体卖场，不要以单品为基点，而是要把握整盘货品的结构。这样才能使产品的系列感强，相互之间有呼应，从而营造卖场气氛。“产品开发明细表”在这一过程中充当了重要角色，它能较好地控制每个系列的款式、色彩、搭配和风格等在研发计划推进中的产品结构，有效把握住整盘货品。

每个系列开发的款式，可以将款号记录在明细表上。以系列一的明细表为例(图 3－23)：茄克样品完成后，可以将款号记录在衬衫的“休闲款”的后面；裤子完成后，就将款号记录在“休闲裤”后面。这样将使开发的每个单品和需要调整补充的款式一目了然。新的设计不断地完成，产品搭配和结构仍可根据每个系列的"产品开发明细表"不断完善。如果打样的成品风格更适合其他系列，也可以马上调整并作记录。

设计总监按全盘货品的思路制订好"产品开发明细表"(包括之前的总表)，给设计人员每人一份，以便让每位设计师都对整体货品结构有个清晰的概念，每个系列所需款式都很清晰，风格也比较明确。然后将每个系列的设计意图、表现风格、思路等与设计师进行深入地沟通，确保每个人对每个系列设计的准确理解。设计师必须清楚自己设计的每一款式是为哪个系列的哪个风格以及其中的哪个类别而设计的。假设系列产品中的衬衫已经有了一件基本款，设计师就会调整思路，考虑是否应该设计一款特色产品了。设计师可以根据自己的思维和喜好选择某个系列的某个类别进行设计，针对性强，这样会更有效果。而设计总监需要控制整体风格和系列感，款式系列进度透明化，不会出现重叠设计、结构松散、风格混乱等问题。

另外，服装开发不适合指定专人(设计师)分别完成各系列的所有设计，虽然看起来这样有益于系列感的控制。因为现在服装变化多样，容易使人进入误区，出现系列产品单一化或整体系列跑偏等问题。设计师同时参与四个系列的设计开发，只要控制得好，不易使人感到疲倦，相反容易产生兴奋点，设计思路会相对开阔，设计师们还会在彼此的思维碰撞中不断地获得灵感。"系列产品明细表"能在第一环节控制发散的思维，通过此表，设计者清楚自己所设计的款式是针对哪个系列"产品开发明细表"的哪个类别，在设计思路、面料运用等方面和哪些款式产生呼应。

■ **案例：**

卡萨(Carcer)品牌的2011春夏产品系列—开发明细表

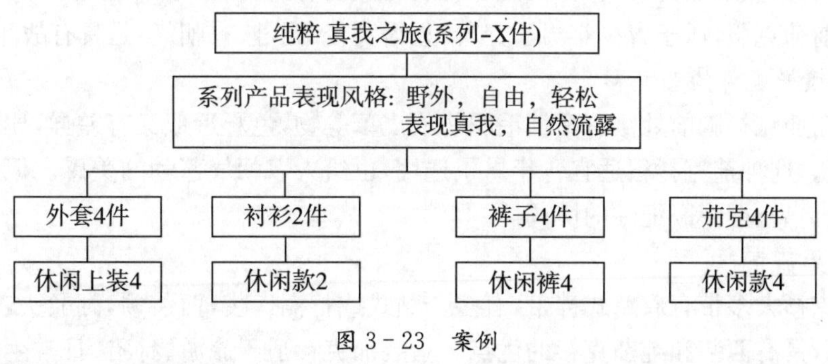

图 3－23　案例

一、基本款设计及分析

在产品开发中确立基本款式的设计是重要的第一步，主要从基本款廓型、基本款和辅料选择、基本图案设计等方面来确定整个季节的产品组成，要像建筑师那样，考虑设计元素、构建廓型、设计合体性和结构，最后进行装饰、加工等。

(一)男茄克的分类

男茄克按其款式造型来分,大致分为以下四类:

1. 宽松蝙蝠形男茄克衫

其袖口和底摆为紧身型,或是用松紧毛线罗口配边,突出宽松的身,实现特有蝙蝠外形。有不少的蝙蝠形茄克衫,身、袖之间还有明、暗裥褶和各种装饰配件,以突出其时装化(图 3-24)。

图 3-24 宽松蝙蝠形男茄克衫

2. 战斗式男茄克衫

又称“艾森豪威尔茄克”。其特征是多胸袋、翻领、有肩袢、紧下摆、紧袖口,是属于紧身、短小精悍的前茄克服,适于青少年男子穿着,显得英俊、强健、有朝气,是具有战斗型的服装。

3. 胸前镶嵌配件的茄克衫

一般多在茄克衫胸前处镶有高档毛织物或皮革等物,色彩近似又有差异,比普通前茄克衫美观、醒目。这种茄克衫很适宜青年男子选用,也给人以朝气蓬勃的美感。但选购时要注意领、肩、胸、口袋、摆镶嵌配件的协调性。

4. 猎装男茄克衫

这种茄克衫大多带有肩章式袢带,有多个贴式或打裥口袋,西装领,翻驳头,收腰身并有腰带,圆筒袖,具有西装和纯茄克衫的优点。猎装茄克衫适于旅游、狩猎、日常生活等多种场合穿用。

此外,茄克衫还有飞行员茄克、运动员茄克、侍者茄克、无领茄克、爱德华茄克、围巾领衬衫袖茄克、翘肩式偏襟茄克等众多款式,无论是何种款式的茄克衫,外形轮廓都要适当夸张肩宽,外部给人以上宽下窄的“T”字体型,显出潇洒、修筑的美感。

(二)茄克的造型设计

服装的整体造型是指服装的整个廓型,也就是说服装的大效果。茄克的造型一般可分为以下几种：

1. 方形轮廓造型

方形造型也称“箱形”造型，是一种外形几何周边等分或近似于等分的四边形服装轮廓。这种服装夸张肩宽和胸围，缩短服装正常长度，给人的总体印象是别致、健美、端庄、抒情。

方形造型设计是一种稳重型设计。可采用低腰位下摆，下摆线在坐骨以下；男装设计中，标准长度是茄克设计中最常见的，其下摆位位于臀围线附近；高腰位的下摆在腰节位附近，具有较强的潮流感(图 3-25)。

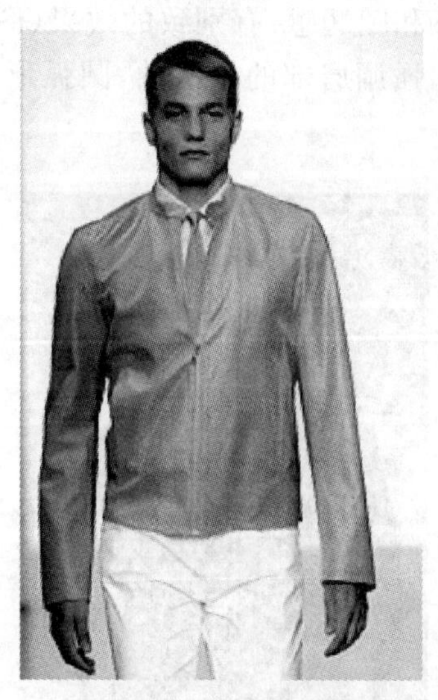

图 3-25　方形茄克衫

2. 长方形轮廓造型

长方形服装最常见的上衣，具有普遍意义。标准的长方形一般为黄金比例，即长与宽之比为 1∶1.618 左右。它与人体躯干比例基本相同，具有美的特征，在其基本构成上具有最直观的美的功能。长方形服装外形特点是直身、宽松，此类服装给人以稳健、均衡的感觉，能使穿着者显得修长、稳重。

3. 三角形轮廓造型

三角形轮廓线服装的立体造型呈圆锥形，犹如欧洲 13～14 世纪流行的“哥特式”服装外形。三角形轮廓服装分为正三角形和倒三角两种。正三角形外形给人的感觉是稳重、端庄、古典；倒三角形轮廓给人的感觉是别致、现代感、动感和时尚。

4. 梯形轮廓线造型

梯形服装其外形特征是上小下大，比较宽松的样式，其外形轮廓呈梯形。梯形服装与三角形轮廓有类似效果，只是上方收窄的程度不同而已。梯形服装有典雅、优美、柔美、稳健的特点。梯形反映在上衣中是自中腰线以下逐渐放松，有宽摆和波浪褶两种效果。

倒梯形，是梯形的反置，是一种特殊夸张的造型形式。倒梯形的服装其外形特征是上大下小，上宽下紧的样式。它在人体肩形的添加、装平、装宽、夸张、强调等方面富有得天独厚的造型优势。

5. 重叠梯形轮廓线造型

重叠梯形是集正、倒梯形相复合而形成，是两者合一的综合性造型形式，具有强烈的几何形体感和S形美感。一般分为四种组合模式：倒正重叠，正正重叠、倒倒重叠、正倒重叠。第一种模式的倒正重叠，突出人体的腰部与臀围的比例差，给人以优美、修筑的感觉；后几种形式的重叠，尽管表现形式不同，但均属于装饰性服装，具有浓重的装饰风味。

6. 圆形及椭圆形轮廓线造型

圆形、椭圆形服装的立体造型呈球体形，西方服装界称“气球形”。与字母轮廓表示法的O型相同。一般为装有填料的宽松形，款式特征多为下摆收缩、袖型多为插肩袖、连肩袖。该服装富有膨胀感、丰满感和圆润感，有别致的效果(图3-26)。有的服装款式在肩部造型上采用了弧形的设计，如强调肩部的插肩袖，圆弧形，弧线形的衣袋与表现下摆与部位的处理等。

图3-26　椭圆形茄克衫

(三) 男茄克细部设计

茄克衫的造型变化较大，主要表现在领型、袖型、袋型、下摆及装饰等几个方面。

1. 领型设计

在构成茄克衫的各个要素中，领型作为茄克的视觉中心，有着重要的地位。衣领位于胸前，在视觉上可以衬托脸部的造型，不同的领型往往也使茄克衫的风格产生变化，因此是茄克设计中非常关键的结构。领型的设计包括领面的宽窄、领脚高低、领尖长度和领面装饰等方面的设计。常见的男装衣领名称上有丝瓜领、戗驳领、平驳领、翻领、立领等几种。从男装茄克设计的角度出发，常用的茄克衫的领型有立领、翻领、驳领、连帽领等。

(1) 立领(stand collar)

立领，是一种将衣领直立在领圈上的领子形式。从领子结构上分析，如果将完整的领子分为上领和下领，立领的式样就是：只有下领(即领脚、领座部分)，而无上领(外翻领部分)。外观效果几乎垂直围于颈部，立体感强，能塑造出挺括、庄重的感觉。立领结构及造型方面的特点主要表现在领座的宽窄、领角的方圆、领缘的装饰以及领与颈的离合状态等。在与服装整体造型相协调的情况下，立领的运用和处理仍有着极大的想象空间，脱离常规模式的不断创新是设计的必然趋势(图 3-27)。

图 3-27

(2) 罗纹领(rib collar)

罗纹领的造型隶属于立领，罗纹领以针织和羊毛为主，在领口处线条成向外辐射状，构成领子的形状。罗纹领可以分为圆角和方角两种。圆角罗纹领通常运用在男装茄克衫中，典型的款式有棒球茄克。方角罗纹领变化较多，主要是通过罗纹的高低幅度来造型，既可以设计成小立领的形式也可以设计成大翻领。罗纹领还通常采用撞色的手法来丰富男装茄克衫的细节设计。男装茄克衫除了领型设计时采用罗纹，还可以在袖口和下摆等位置使用罗纹(图 3-28、图 3-29)。

图 3-28

图 3-29

(3) 翻领(turndown collar)

翻领是指由下领和上领共同构成的领子，即由领脚和外翻领组成，是男装茄克衫最常用的领型之一，商务休闲男装茄克衫设计大多采用翻领。翻领的设计要点有以下几点：一是丰富的领脚造型变化，结构上可以分为前中无领台和前中有领台，还可以分为上下领连体的和上下领分体的类型；二是外翻领宽窄幅度的变化，窄型的严谨精神，宽型的轻松休闲；三是不同的工艺手法(图 3－30～图 3－33)。

图 3－30

图 3－31

图 3－32

图 3－33

(4) 驳领(lapel collar)

驳领是由衣片上门里襟外翻的一部分"驳头"加上领子共同构成。如果驳头加无领则直接构成驳头领，如果驳头加上前中无领台的翻领则构成翻驳领，如果驳头加上前中有领台的翻领则构成了登驳领，驳领变化及其丰富，是男装最常用领型之一，其造型显得轻松、休闲，常用于休闲运动类的服装款式中。翻领的领脚高低决定了该翻驳领的风格师适用于职业型男装还是休闲型男装，带有翻领领座的领型挺拔庄重，适合男式职业服装，而低领座的翻领则显得轻松休闲，往往用于运动休闲的男式服装款式当中，如男式茄克衫和运动衫等就广泛采用了翻领的造型(图 3 - 33)。

(5) 连帽领(hood)

连帽领又称为风帽,连帽领是男装茄克衫常用的设计元素,连帽领的设计通常给人轻快活泼的感觉。近年流行的卫衣通常采用连帽设计,男士的冬季棉服和羽绒服出于保暖的考虑,也常采用连帽的设计。部分茄克衫连帽领设计上采用可脱卸的形式,有独立的风帽,使用拉链或扣子等扣合件与领子连接(图 3 - 34～图 3 - 36)。

图 3 - 34

图 3 - 35

图 3 - 36

2. 衣袖设计

作为男装不可分割的结构之一,衣袖设计也是细部设计中重要元素。衣袖的基本形状为筒状,它的造型既要保证上肢能够活动自如,又要与整体服装相协调。袖子的造型千变万化,从不同的角度有不同的分类方法。由于男装茄克衫受到款式的制约,主要可以分为装袖和插肩袖两种。

(1) 装袖

装袖可以分为平装袖和圆装袖,指的是衣袖与衣身分开裁剪,再经缝制而成的一种袖型。装袖有袖山,有袖窿弧线,双手下垂时,袖肩圆润挺括,立体造型感强,造型线条圆润优美。平装袖与圆装袖相比较,平装袖更适合休闲类服装设计款式,而圆装袖发展到现代,已经成为男式正装最常用的袖型。男装茄克衫装袖设计的袖山、袖身、袖口可以有各式各样的造型变化。

(2) 插肩袖

插肩袖也称连肩袖、插袖,指的是袖身借助衣身一部分而形成的一种袖型。其肩缝变化多样,有抛物线形、肩章形、马鞍形等。插肩袖的特点是合体舒适,手臂活动量大,适合做运动装和具有运动休闲风格的外套、茄克衫等。插肩袖在形式上还分为全插肩、半插肩、前插后圆和前圆后插等(图 3 - 37)。

在男茄克衫衣袖设计中,袖山、袖身和袖口的结构和关系的处理是其要点。袖山的造型、袖身的肥瘦、袖口的形状和装饰都是衣袖设计的重点。袖口是衣袖造型设计的重点部位,袖口造型多通过添加克夫、装罗纹和松紧带等设计来完成。此外,不同面料材质的组合搭配,装饰手法的运用都是男茄克衫衣袖设计需要考虑的因素。现代男茄克衫袖型的

图 3-37 插肩袖茄克衫

装饰手法十分丰富，可在袖子上增饰附件、钉肩章、贴口袋、添加装饰钮扣、袖口镶边、缉线等。

3. 衣袋设计

衣袋又称口袋、衣兜，男茄克衫的衣袋设计既有实用功能的作用，也有装饰美化的作用。相对于男装的其他款式而言，茄克衫的口袋似乎更多一些，在设计时既要考虑功能性的因素，也要考虑男性追求品位的心态。

(1) 贴袋

贴袋又称明袋，它是指贴缝在衣身表面的口袋，这样的衣袋，其整体造型完全显露在外。贴袋分无袋盖贴袋和有袋盖贴袋两种。贴袋是最传统的衣袋造型，同时也有着最丰富的造型变化空间。对于男装贴袋的造型设计来说，一般要表现出稳重感，例如方形贴袋的运用。贴袋的变化可以为袋盖的造型变化、袋形的形状变化，也可以是贴袋厚薄的变化，例如袋盖的不等式设计、开线倾斜设计、半立体造型袋、全立体造型袋等等。

(2) 挖袋

挖袋又称暗袋，指的是在衣片上裁出尺寸，利用镶边、加袋盖和缉线的方式制作而成的衣袋。挖袋只露袋口，袋体隐藏在衣服里面，有横开、竖开、斜开的单嵌线和双嵌线等多种形式。这种口袋用料、用色一般比较统一，外表较为光洁挺括，男装设计中典型的挖袋是西裤臀部的挖袋，根据流行因素也可加袋盖或不加袋盖。

(3) 插袋

插袋也称暗插袋、夹插袋，指的是利用衣缝的结构制作的口袋，如左右侧缝上的侧袋，大衣侧缝上的侧袋等。插袋多为暗袋设计，也可以在袋口缉明线、加袋盖或镶边条进行装饰，其面料、色彩和装饰应注意与整体服装风格相协调。如左胸插袋(也称手巾袋)，原本是按照正统西装的方式制作，如今不单单为原有的单开线设计，还可以采用多种工艺和手法进行再设计，如利用缉线作为装饰性的假兜设计等。

(4) 假袋

假袋是纯粹装饰性的口袋，没有实际功能。从外表上看与实用型口袋相差无几，但实际上没有口袋的功能，完全是为了外观造型的需要而进行的装饰。假袋的设计在时装化的男装中比较常用。

(5) 里袋

里袋也称内袋，指的是缝在衣服内侧的口袋。男装外套开里袋是非常普遍的一种做法，多开在前胸部和前腹部。里袋较为安全可靠，主要有装钱包、手机等贵重物品的作用。男装设计中里袋除了功能性强，对时尚审美观性也同样有要求。如内插袋的设计，内插袋本身注重的是功能性，而今它也注入了时尚元素，如采用撞色包边设计和三角边扣设计等。男装设计要求内外完美结合和整体协调，不单是外表做得好，内部设计也要完善考虑。

(6) 复合袋

复合袋指两种或两种以上结合的口袋，常表现为袋中袋的形式或在袋盖上开袋，是一种能够表现口袋的多层次、多功能的设计。在时装化非正式男装中较为常用。复合袋有一定的功能性作用，但更多地还是起到装饰的功能。缉明线、贴标志等装饰工艺，使时尚感增强。

4. 分割线设计

分割线又称开刀线，分割线也是从造型的需要出发，将服装分割成几部分，然后再缝合成衣，以达到服装的适体美观。分割线在服装造型设计中有重要的作用，它不仅仅是将服装简单划分成几个部分，还能起到装饰和分割形态的作用；不仅是随着人体的线条进行设计塑造，也可改变人体的基本形态而塑造出新的、带有强烈个性的形态。因此由裁片缝合时所产生的分割线条，既具有造型特点，也具有功能特点，它对服装造型与合体性起着主导作用。

分割线通常被分为两大类：装饰性分割线和结构性分割线。

(1) 装饰性分割线(图 3-38～图 3-40)

图 3-38 装饰性分割线

图 3-39 装饰性分割线

图 3-40 装饰性分割线

装饰性分割线是指为了服装造型的视觉需要而使用的分割线，它主要起到附加在服装上起装饰的作用，并通过分割线所处部位、形态和数量的变化引起服装艺术效果的改变。在不考虑其他造型因素的情况下，服装中线构成的美感是通过线条的横竖曲斜、起伏转折以及富有节奏的粗犷纤柔等要素来表现的。对于男装来说，刚直豪放的直线是其构成的主旋律，男装多采用直线的感觉，这不仅仅表现在外轮廓线上，分割线也多以直线型为主，显示出刚直挺拔的感觉。如秋冬季男装中的大部分服装，牛仔装、茄克等大都使用直线分割。此外，单一的分割线在服装的某部位中所起的装饰作用是有限的，为了塑造较完美的造型和显示男装合体舒适的精良裁剪以及迎合某些特殊造型的需要，男装中经常使用较多的分割线造型。

(2) 结构性分割线

结构性分割线是指具有塑造人体体型或者为了加工制作更加方便而设计的分割线。结构性分割线的设计尤其注重实用功能性，并且要尽量做到在保持造型美感的前提下，最大限度地减少成衣加工过程的复杂程度。以简单的分割线形式，最大程度地显示人体轮廓的曲面形态，是结构分割线的主要特征之一。此外，结构分割线还有代替收省的作用，同时以简单的分割线形式取代复杂的塑型工艺，如长风衣的公主线的设置，其分割线上与肩省相连，下与腰省相连，通过简单的分割就把人体复杂的胸、腰、臀部的形态描绘出来，更显得男装的简洁挺拔。

以上两种分割线型的结合，形成了结构装饰分割线。这是一种处理比较巧妙的能同时符合结构和装饰需要的线型，将造型需要的结构处理隐含在对美感需求的装饰线中。相对前两种分割线而言，结构装饰分割线的设计难度要大一点，要求要高一点，因为它既要塑造美的型体，同时又要兼顾设计美感，而且还要考虑到工艺的可实现性，对工艺有较高的要求。

5. 连接件设计

相对于女装来说，男装上的连接件种类要少很多。这里介绍主要两种：钮扣和拉链。连接件虽然很小，在很不起眼的部位，但是无论是从功能还是装饰的角度来看，都有着重要的作用。钮扣和拉链的设计往往还可以成为男装的点睛之笔，不仅能反映出该款男装是否符合当下的流行，更能体现出男装的档次和口味。

(1) 钮扣的设计(图 3-41)

图 3-41　钮扣的设计

钮扣可分为四合扣、工字扣(牛仔扣)、撞钉、盘扣、松紧带、绳、弹簧扣、五爪扣、鸡眼、插扣、磁铁扣、合金扣、树脂扣、塑料钮扣、木头扣、贝壳扣、椰子扣、裤钩、合金扣、时装扣、松紧带、绳以及弹簧扣等。

钮扣是男茄克重要的连接件。现代的男装设计，钮扣的设计越来越个性化，其装饰性几乎比功能性还受到重视。钮扣的大小、数量、间距以及组合方式可以有着多种变化并带来相应的视觉效果。一般来说，钮扣越少，越显出稳重和优雅的风格；钮扣的数目越多，越有制服感。袖口上的钮扣设计也是男装中的一大亮点。此时的钮扣，其装饰性超过连接这一功能性，它有一种优雅和精致的意味，钮扣数目的多少是一个设计细节。

(2) 拉链的设计

拉链是现代服装细节设计中的重要组成内容，也是男装中广泛使用的连接件。它主要用于上装的门襟、领口、裤门襟、裤脚等处，也用于鞋子、包袋等的设计中。相对于钮扣来说，显得更为休闲，如牛仔套装、运动装、羽绒服、茄克、皮靴等的设计中几乎离不开拉链的使用，否则将会影响服装的机能和品质。服装上使用拉链可以省去挂面和叠门，也可免去开扣眼的步骤，可简化服装制作工艺，还可以使服装外观平整。拉链的种类非常繁多，从材料上看，拉链有金属拉链、塑料拉链、尼龙拉链之分。金属拉链经常用于茄克、牛仔装；塑料拉链多用于羽绒服、运动服、针织衫等；尼龙拉链则较多用于夏季服装；根据在服装上的暴露程度，拉链还可以分为明拉链和隐形拉链，明拉链多用于厚重结实、风格粗犷的服装中；隐形拉链多用于单薄柔软、风格细腻的服装中；从式样上看，拉链可以一端开口，也可以两端开口，还可以将拉链头正反两面使用，而且还可以有粗细、形状的不同变化(图 3-42)。

图 3-42　拉链的设计

■ 案例

卡萨 2010 春夏产品(夹克)设计

作者：柯玲熹

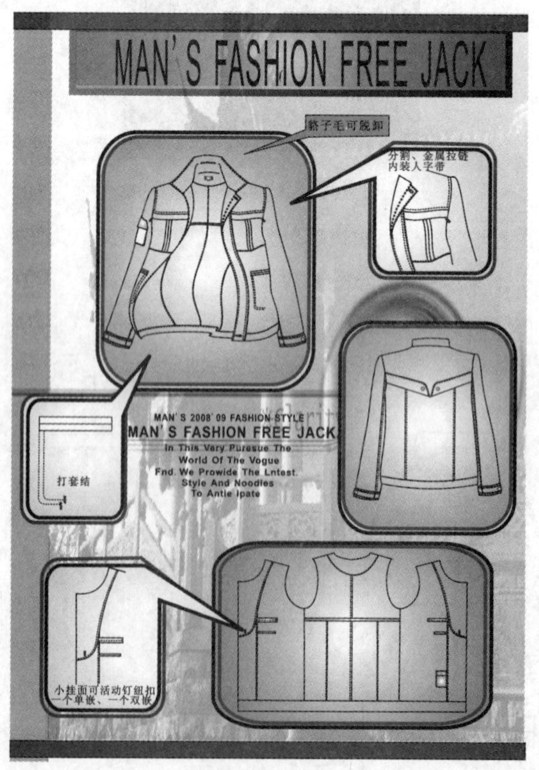
MAN'S FASHION FREE JACK
貉子毛可脱卸
分割、金属拉链
内装人字带
MAN'S 2008'09 FASHION STYLE
MAN'S FASHION FREE JACK
In This Very Puresue The
World Of The Vogue
Fnd. We Prowide The Lntest.
Style And Noodles
To Antie Ipate
打套结
小挂面可活动钉纽扣
一个单嵌、一个双嵌

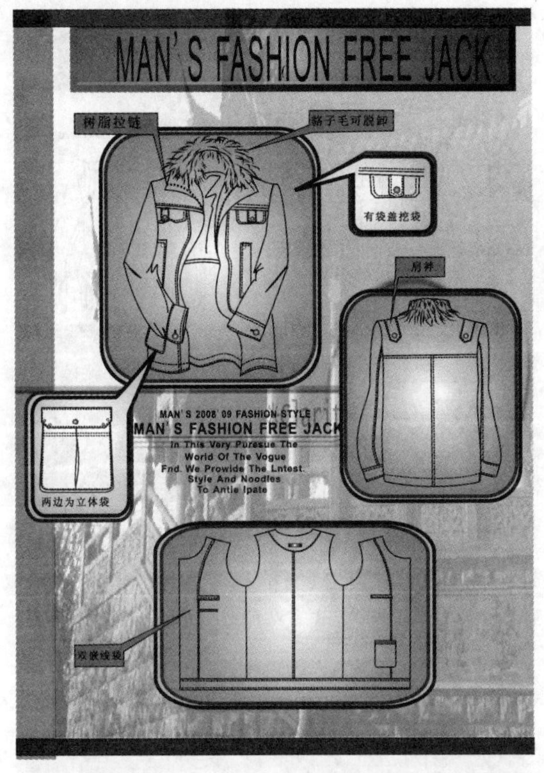
MAN' S FASHION FREE JACK
树脂拉链
貉子毛可脱卸
有袋盖挖袋
肩袢
两边为立体袋
MAN' S 2008' 09 FASHION STYLE
MAN' S FASHION FREE JACK
In This Very Puresue The
World Of The Vogue
Fnd. We Prowide The Lntest.
Style And Noodles
To Antie Ipate
双嵌线袋

MAN' S FASHION FREE JACK
立领装袢
撞色面料
有袋盖贴袋
撞色面料
袋面有褶
撞色面料
金属拉链
两边为立体袋
袖克夫开衩
MAN' S 2008' 09 FASHION STYLE
MAN' S FASHION FREE JACK
In This Very Puresue The
World Of The Vogue
Fnd. We Prowide The Lntest
Style And Noodles
To Antie Ipate
帽子有分割
两颗金属揿扣
有褶立体袋
人字织带
袖袢
后背衩

MAN' S FASHION FREE JACK
活耳朵
粗罗纹
下摆袢带
MAN' S 2008' 09 FASHION STYLE
MAN' S FASHION FREE JACK.
In This Very Puresue The
World Of The Vogue
Fnd. We Prowide The Lntest.
Style And Noodles
To Antie ipate

MAN' S FASHION FREE JACK
古铜色
金属拉链
撞色面料
撞色面料
撞色面料
宝剑头袋袢
金属拷扣
MAN' S 2008' 09 FASHION STYLE
MAN' S FASHION FREE JACK.
In This Very Puresue The
World Of The Vogue
Fnd. We Prowide The Lntest.
Style And Noodles
To Antie ipate
活动贴片
塑料纽扣
古铜色气眼

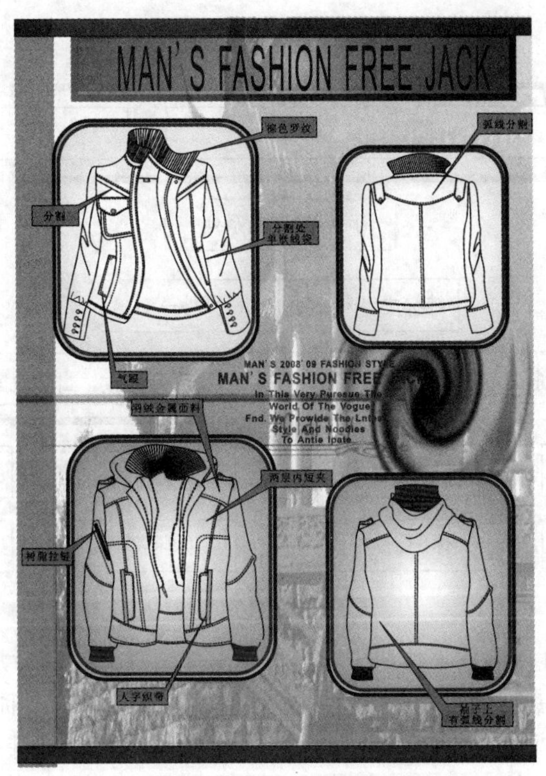

作者：李　慧

过程五：装饰工艺的技术实现

本章主要介绍了一些装饰工艺技术，如加法设计、减法设计、其他手法等，并以卡萨(Carcer)品牌春夏产品系列中的一个主题为例，结合以上工艺进行拓展设计。

图 3－43 为本节的内容架构，红色线迹为卡萨(Carcer)品牌春夏产品其中的一个主题下的茄克产品设计。

图案、装饰工艺技术在服装产品开发设计中尤为重要，优秀设计师不仅要精通选择面辅料的技巧，还应掌握图案、装饰工艺技术，使服装给人耳目一新的感觉，让图案起到画龙点睛之效果。常用的图案、装饰工艺技术有下列手法：

一、加法设计：刺绣、缀珠、扎结绳、褶裥、各类手缝等

(一) 刺绣

1. 彩绣：是我们最为熟悉、最具代表性的一种刺绣方法。其针法有 300 多种，在针与线的穿梭中形成点、线、面的变化，也可加入包芯，形成更具立体感的图案。

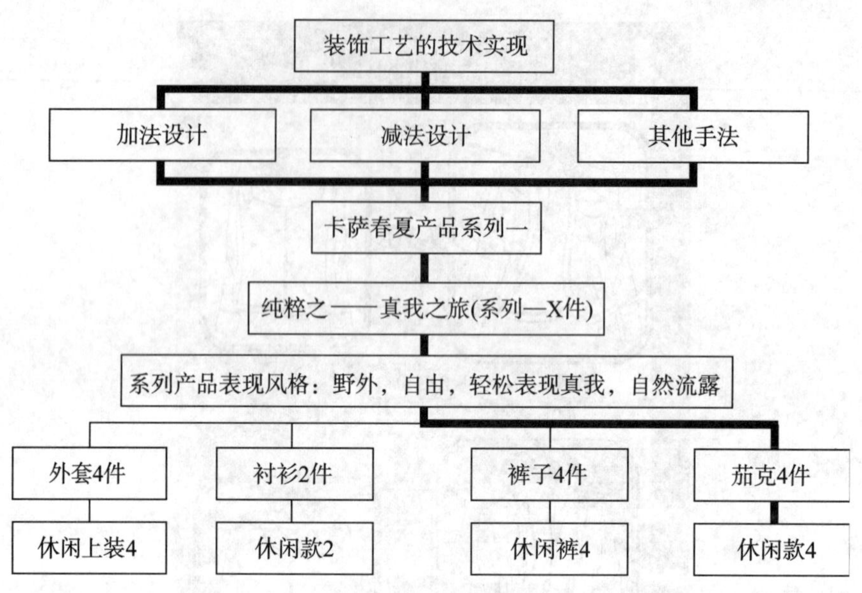

图 3-43　内容架构

2. 网眼布绣：是在网眼布上按照十字织纹镶出规则图案的刺绣方法。

3. 抽纱绣：是将织物的经纱或纬纱抽去，对剩下的纱线进行各种缝制定型形成透视图案的技法。抽纱绣的方法大体可分为两类，一是只抽去织物的经或纬一个方向的纱线，称为直线抽纱；二是抽去经或纬两个方向的纱线，称为格子抽纱。

4. 镂空绣：是在刺绣后将图案的局部切除，产生镂空效果的技术。

5. 贴布(拼布)绣：是在基布上将各种形状、色彩、质地、纹样的其他布组合成图案后贴粘固定的技法。贴布绣还可以与其他刺绣技术结合起来，给服装增添意想不到的效果。

6. 褶饰绣：是用各种装饰和装饰针迹绣缝形成一定的衣褶形式的刺绣技法。

7. 绳饰绣：是在布上镶嵌绳状饰物的技术。

8. 饰带绣：是把带状织物装饰于服装上的技艺。有使用细而软的饰带进行刺绣的方法，也有将饰带折叠或伸缩成一定的造型镶嵌于衣物表面的方法。

9. 珠绣：是将各种珠子用线穿起来后钉在衣物上的技艺。表现华贵和富丽，采用珠绣是最好的装饰手法。

10. 镜饰绣：是将小镜片缝绣于衣物上的技艺。

(二) 缀珠

是将各类的珠子穿成链子的形式悬挂于服装需要装饰的部位。

扎结绳：运用各种不同原料、粗细的绳子，通过各种扎、结的方式来达到设计的要求。

(三) 褶裥

利用工艺手段和其他方法把面料部分抽紧呈细碎的无固定形状的褶或者折成整齐的裥，形成面料的松紧和起伏的效果。

（四）各类手缝

1. 绗缝：具有保温和装饰的双重功能。在两片之间加入填充物后缉线，产生浮雕图案效果。可以均匀填充絮填材料后进行绗缝，也可选择性地为了增强图案的立体效果在有图案的部位填充絮填材料（图 3-44、图 3-45）。

图 3-44、图 3-45　两种不同的绗缝缉线

2. 皱缩缝：将织物缝缩成褶皱的装饰技艺。现在皱缩缝常用来装饰袖口、肩部育克、腰带等。

3. 细褶缝：在薄软的织物上以一定的间隔，从正面或反面捏出细褶，表现立体浮雕图案的技艺。

4. 裥饰缝：将细密的阴裥、顺风裥排列整齐，以一定的间隔缉缝，横向用明线来固定褶裥，然后在横线之间重新叠缝裥面，使折痕竖起产生褶裥造型变化。另外还可在缉缝的横线上饰以刺绣针迹等。

5. 装饰线迹接缝：用刺绣线迹将布与布拼接起来，形成具有蕾丝风格的一种装饰技艺。主要用于服装中分割线的装饰，特别在素色布料的情况下，丰富了织物的肌理变化。

二、减法设计：镂空、撕、抽纱、烧洞、磨损、腐蚀等

1. 镂空：用剪刀在面料上剪出若干个需要的空洞以适应设计的需要。

2. 撕：撕是用手撕的方法做出材料随意的肌理效果。

3. 抽纱：是依据设计图稿，将底布的经线或纬线酌情抽去，然后加以连缀、形成透空的装饰化纹理。

4. 烧洞：烧洞是利用烟头在成衣上做出大小、形状各异的孔洞来，孔洞的周围留下棕色的燃烧痕迹。在面料处理时，利用以上的各种技法可以再造出既带有强烈的个人情感内涵，又独具美感和特色的材料。这些面料制作的服装更具个性和神采。

5. 磨损：利用水洗、砂洗、砂纸磨毛等手段，让面料产生磨旧的艺术风格，更加符合设计的主题或意境。

6. 腐蚀：利用化学药剂的腐蚀性能对面料的部分腐蚀破坏，再进行设计深加工。

三、其他手法：印染、手绘、扎染、蜡染、数码喷绘

1. 印染：在轻薄的织物上制版印花，把设计者的创作意图直接印制在面料表面，具有独特的艺术效果，适合少量的时装手工印花，灵活便利易于操作。

2. 手绘：运用毛笔、画笔等工具蘸取染料或丙烯涂料按设计意图进行绘制，也可用隔离胶先将线条封住，待隔离胶干后，用染料在画面上分区域涂色，颜色可深可浅、有浓有淡，很有特色。手绘的优点是如绘画般地勾画和着色，对图案和色彩没有太多限制，只是不适合涂大面积颜色，否则，涂色处会变得僵硬。手绘一般在成衣上进行。

3. 扎染、蜡染：扎染是一种先扎后染的防染工艺。通过捆扎、缝扎、折叠、遮盖等扎结手法，而使染料无法渗入到所扎面布之中的一种工艺形式。蜡染是一种防染工艺，是通过将蜡融化后绘制在面料或衣服上封住布丝，从而起到防止染料浸入的一种形式。

4. 数码喷绘：图案通过计算机进行设计，可以随心所欲，充分体现设计师的个性，然后通过数码喷绘技术印出来，色彩丰富，可进行两万种颜色的高精细图案的印制，并且大大缩短了设计到生产的时间，做到了单件个性化的生产。

第二阶段 

产品制板

产品制板

一、正装型男茄克制板

过程一：正装型男茄克款式分析

1. 经典款

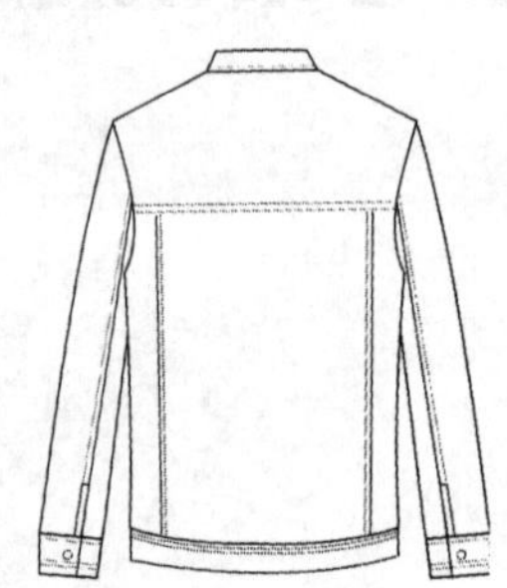

图 4-1 经典款

2. 普通款

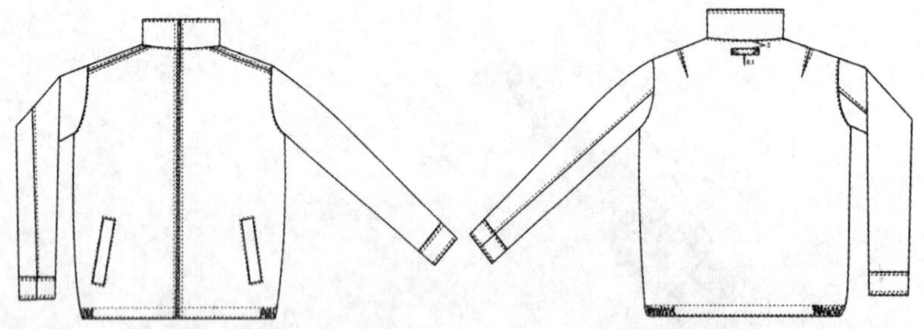

图 4-2 普通款

3. 工装款

图 4-3 工装款

图 4－1～图 4－3 中共有三个茄克款式，通过对这三个款式的外观造型和结构的对比、分析，可以得出其共同特点：男茄克的设计比较轻便、灵活、工整、自然。一般来说茄克衫从整体形状上来看，大多属宽松型，上身蓬鼓，下摆紧束，外形轮廓为 T 形，这种轮廓多用于外衣，局部设计灵活多变。

过程二：经典款男茄克的规格设计

1. 成品规格设计(表 4－1)

表 4－1　人体尺寸表　　单位：cm

国家标准 175/92A 人体控制部位数据表								
部位	身高	颈椎点高	坐姿颈椎点高	全臂长	腰围高	胸围	颈围	总肩宽
数据	175	149.0	68.5	57.0	105.5	92	37.8	44.8

国家服装号型标准中 L 码的标准体型为 A 型体，号为 175 cm，型为 92 cm。具体控制部位规格见表。结合设计稿款式的结构、工艺特点和服装的风格、款型设计茄克的成品规格如下：

衣长：2/5 号 $=175\times\frac{2}{5}=70$ cm；

胸围：92＋28＝120 cm；

肩宽：44.8＋5＝49.8 cm；

袖长：57.0＋3＝60 cm；

袖口：为考虑穿脱的方便，一般袖口尺寸为手掌围加上一定的松量(松量的大小视款式特点而定)，175/92A 的外套常规袖口大约为 27 cm。综合规格设计见表 4－2。

表 4－2　经典款茄克成品规格表　　单位：cm

规格 部位	衣长	胸围	肩宽	袖长	袖口	下摆宽	袖克夫宽
L	70	120	50	60	27	4.5	4.5

2. 男茄克成品主要部位规格允许偏差

中华人民共和国国家标准(GB/T2665－2009)男茄克标准中规定的主要部位规格偏差值见表 4－3。

表 4－3　部位规格偏差值　　单位：cm

部位	公差
衣长	±1
胸围	±2

（续表）

部位	公差
腰围	±2
臀围	±2
袖长	±0.7
肩宽	精纺±0.5　粗纺±1
袖口	±0.5

3. 制板规格设计

考虑影响成品规格的相关因素设计制板规格。假设以上面料测试中所测得的缩率：经向为1.5%，纬向为1.0%，计算L号的相关部位制板规格如下：

衣长：70÷(1−1.5%)＝70÷0.985≈72 cm；

胸围：120÷(1−1%)＋工艺损耗＝122 cm；

肩宽：49.8÷(1−1%)≈50 cm；

袖长：60÷(1−1.5%)＝60÷0.985≈61 cm。

表4-4　制板规格表　　单位：cm

规格 部位	衣长	胸围	肩宽	袖长	袖口	下摆袖克夫宽
L	72	122	50	61	27	4.5

过程三：经典款男茄克结构制图

1. 茄克的经典款式描述（图4-4）

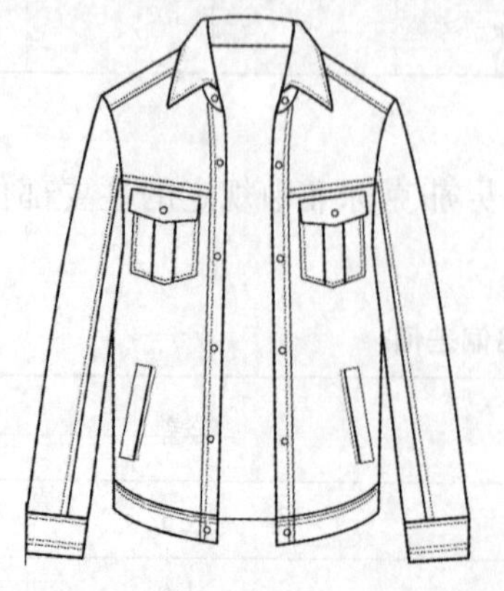
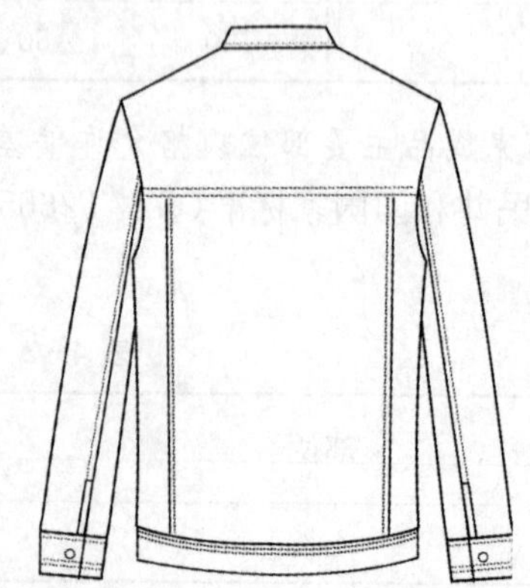

图4-4　经典款式

此款男茄克的整体廓型呈上宽下窄的"T"字体型，6 粒扣，领型为翻立领，前后身各有分割线，前身腰节有两个插袋，前身胸部有两个贴袋加袋盖，袖型为两片袖加袖克夫。此款可采用混纺类面料制作，适合春秋季穿着。

2. 男茄克的经典款式制图

(1) 后片制图(图 4－5)

A～B 后衣长线：衣长－下摆克夫宽，即 72－4.5＝67.5；

A～C 后横开领：$\frac{B}{20}+2.7=122\div 20+2.7=8.8$；

C～D 后直开领：$\frac{B}{80}+1=122\div 80+1\approx 2.5$；

D～E 后肩斜：15∶4.5；

A～F 后肩宽：后中线水平距离 S/2；

F～G 后背宽：后肩宽－1.5；

H～I 后胸围大：B/4＋0.5；

A～H 袖窿深：$\frac{B}{6}+8\approx 28.3$；

B～J 后下摆大：B/4＋0.5－4；

领口弧线与袖窿弧线参照图示；

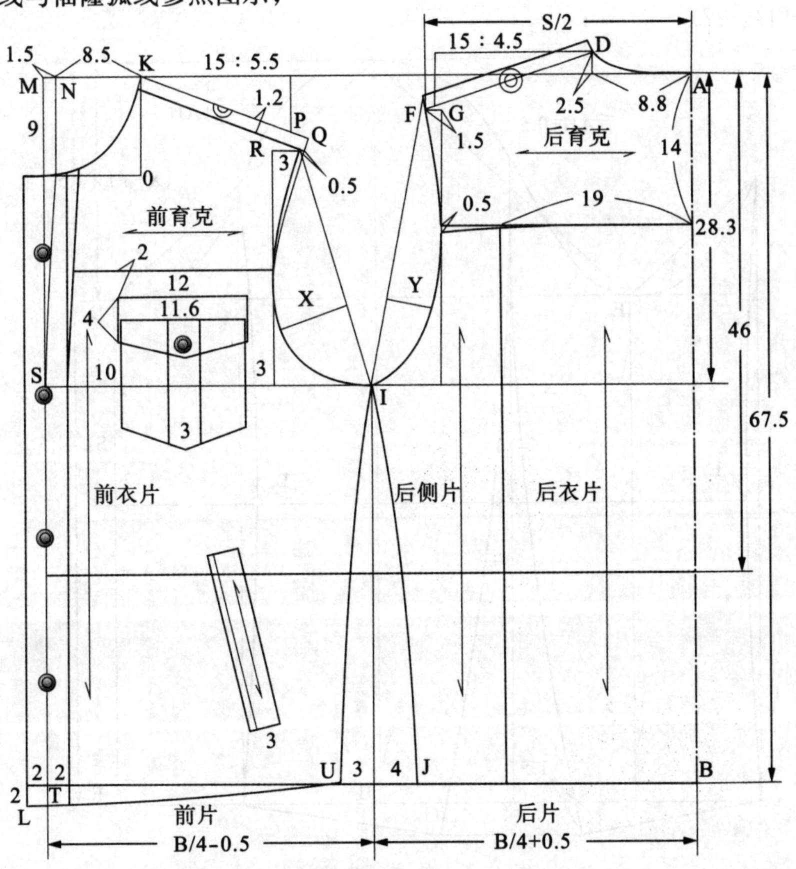

图 4－5　经典款前后片结构图

后育克与分割线参照图示。

(2) 前片制图(图 4-5)

K～L 前衣长线：根据款式，上平线低落 1.2 作为过肩量，根据人体特征下平线低落 2；

M～N 前撇胸量：1.5，叠门 2；

N～K 前横开领：从撇胸量进去，后横开领－0.3；

K～O 前直开领：同后横开领；

K～P 前肩斜：15∶5.5；

K～Q 前小肩长：后小肩长－0.5；

Q～R 前胸宽：前肩宽－3；

S～I 前胸围大：B/4－0.5；

T～U 前小摆大：前胸围大－3；

分割线与口袋位参照图示。

(3) 袖子制图(图 4-6)

A～B 袖长线：SL－4.5；

A～C 袖山深：(X＋Y)×1.5；

C～D 前袖肥：用“前 AH”长来确定；

C～E 后袖肥：用“后 AH＋0.5”长来确定；

F～G 袖口：27。

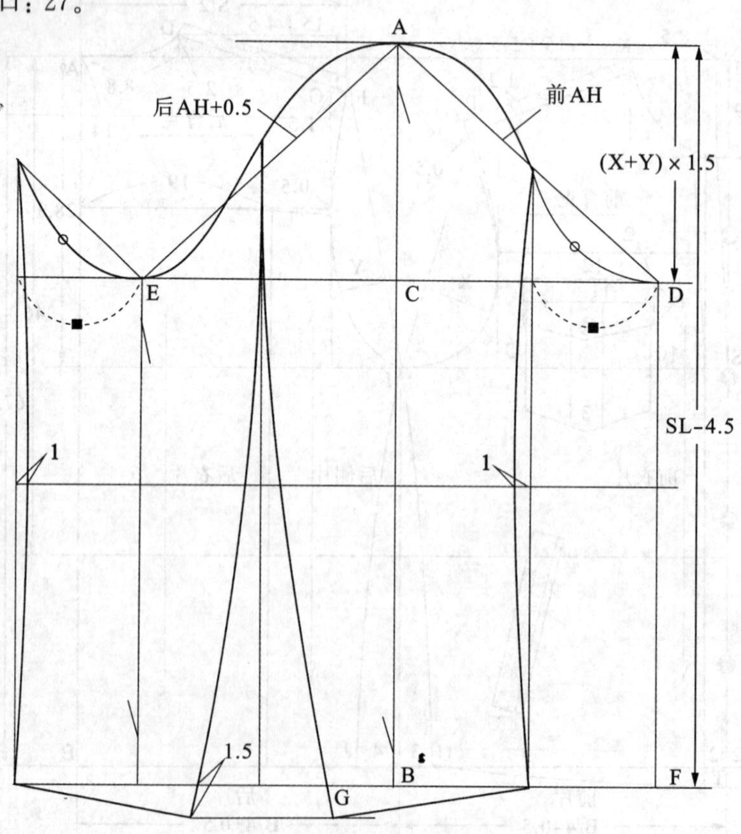

图 4-6　经典袖片结构图

(4) 领子制图(图 4－7)

A～B 下领高：3；

C～D 上领高：5.5；

领子造型参照图示。

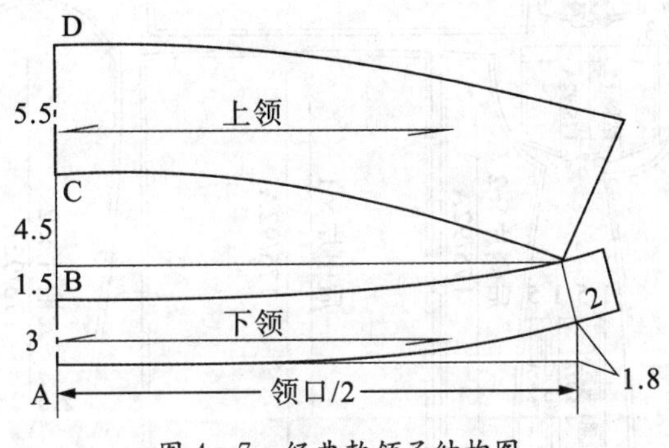

图 4－7　经典款领子结构图

(5) 部件制图(图 4－8)

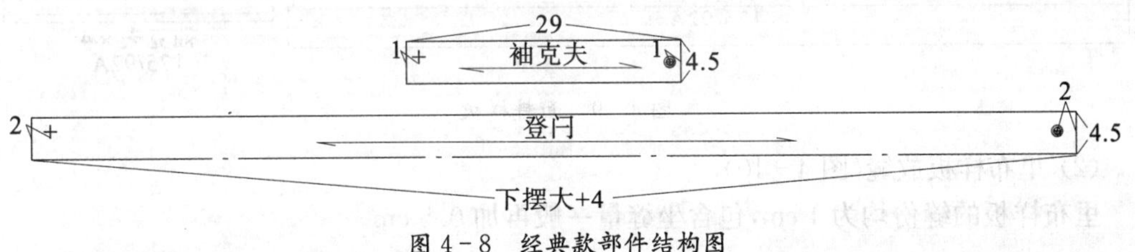

图 4－8　经典款部件结构图

过程四：经典款男茄克样板制作

1. 面料样板制作(图 4－9)

(1) 放缝要点

① 常规情况下，衣身分割线、肩缝、侧缝、袖缝的缝份为 1～1.5 cm；袖窿、袖山、领圈等弧线部位缝份为 0.6～1.0 cm；后中背缝缝份为 1.5～2.5 cm；

② 下摆贴边和袖口贴边宽为 3～4 cm；

③ 放缝时弧线部分的端角要保持与净缝线垂直。

(2) 样板标识

① 样板上做好丝缕线；写上样片名称、裁片数、号型等(不对称裁片应标明上下、左右、正反等信息)。

② 做好定位、对位等相关剪口。

2. 里布样板制作(内胆样板制作)

(1) 里布样板制作

里布样板在面样的基础上缩放，在各个拼缝处应加放一定的坐势量，以适应人体的运动而产生的面料舒展量。

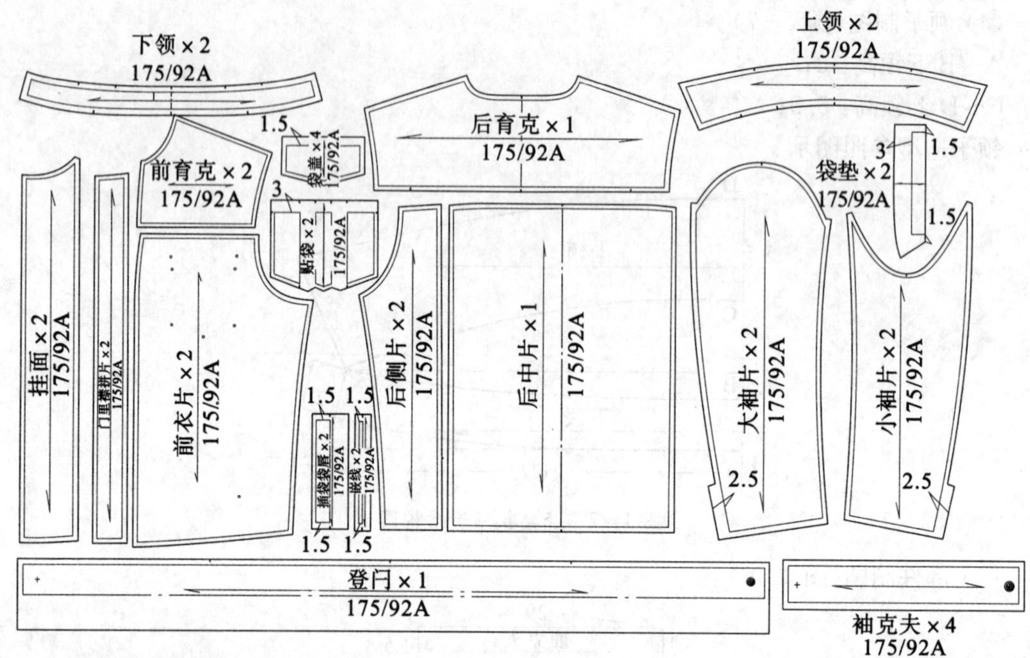

图 4－9　面料样板

(2) 里布样板放缝(图 4－10)

里布样板的缝份均为 1 cm,包含坐缝量一般再加 0.5 cm。

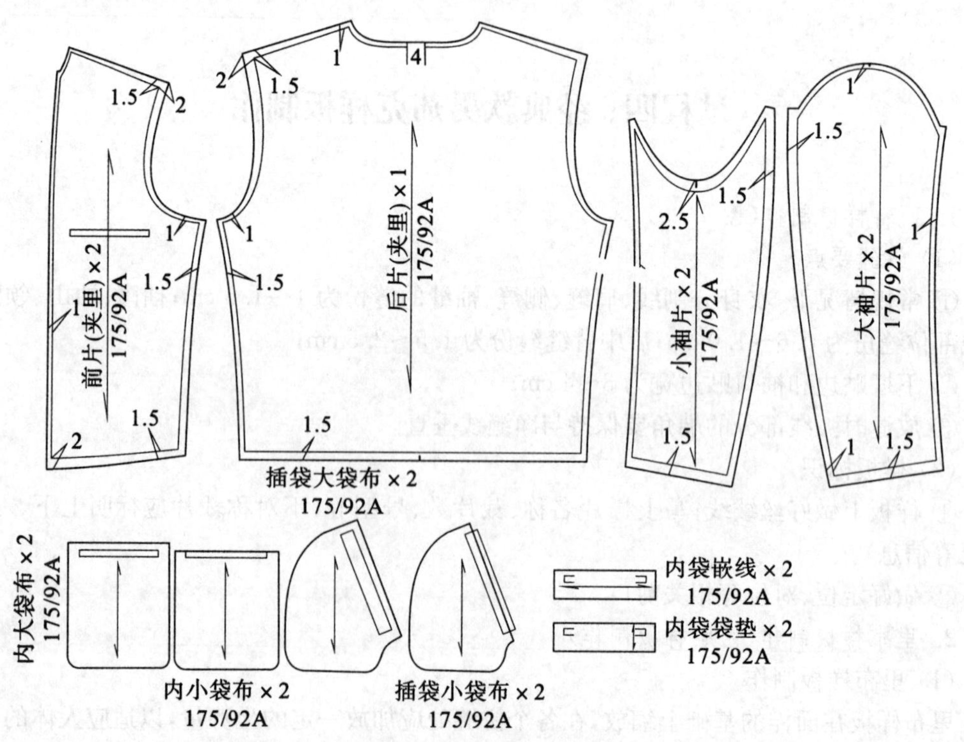

图 4－10　经典款里布样板

3. 黏衬样板配置(图 4－11)

配置要点:

① 黏衬样板在面样、毛样的基础上制作,整片黏衬部位,黏衬样板要比面样样板四周小 0.3 cm;

② 常规情况下,挂面、领子、下摆、袋口、嵌线、袖口等部位需要黏衬;

③ 黏衬样板的丝缕一般同面样丝缕,在某些部位起加固作用的。

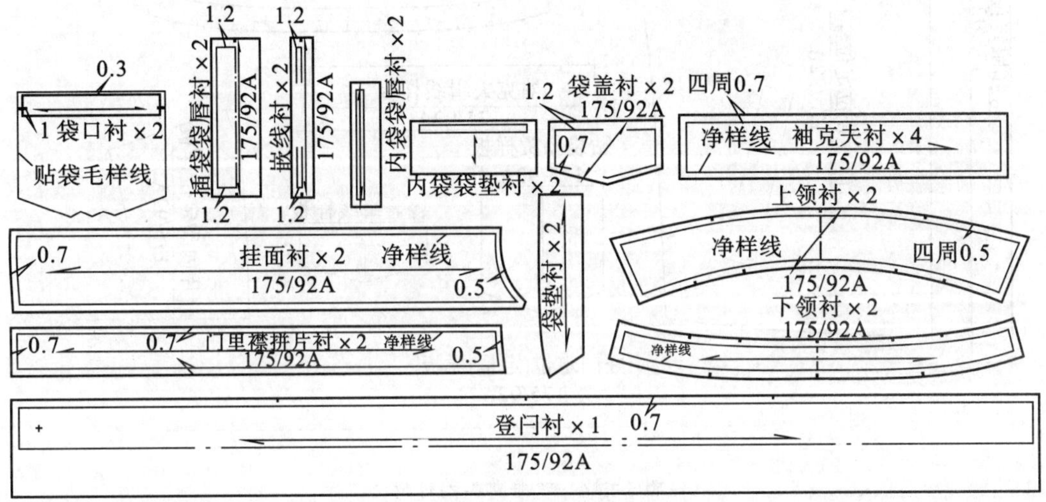

图 4－11　经典款黏衬样板

4. 工艺样板制作

(1) 工艺样板制作要点

工艺流程对工艺样板的影响:服装的前后工序会影响工艺样板的制作。如领子的工艺样板是用来划领外围的净缝线,因此领子工艺样板的外围为净缝,领口为毛缝。

(2) 工艺样板配置(图 4－12)

配置要点:工艺小样板的选择和制作要根据工艺生产的需要及流水线的编排情况决定。

① 领净样:划领净样在领子净样的基础上制作,在装领前领外止口已经夹好,因此除领口边是毛样外,其余各边都是净缝。

② 袋盖净样:袋盖净样除袋口边为毛缝外,其余三边是净缝。

③ 扣眼位样板:扣眼位样板是在衣服做完后用来确定扣眼位置的,因此止口边应该是净缝。

④ 领扣眼位样板:在做领前挖好,因此是毛缝。

在工艺小样板中,定位板在锥孔或打剪口时应比实际点的位置进 0.2 cm,以免衣服做好后盖不住定位痕迹;定型板在劈净缝时应比实际的净缝线进,因为在用定型板划线时,线条一般为 0.1 cm 左右。

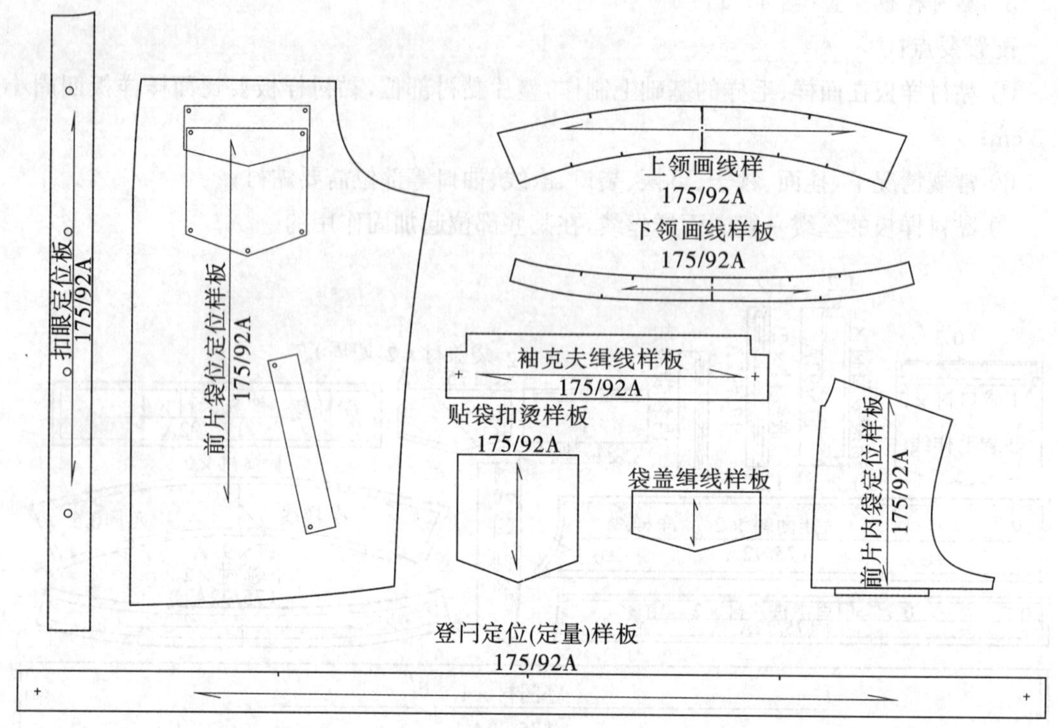

图 4-12　经典款工艺样板

过程五：男茄克初板确认

1. 男茄克坯样试制

(1) 排料、裁剪坯样

1) 排料

排料实际是一个解决材料如何使用的问题，而材料的使用方法在服装制作中是非常重要的。排料的具体要求：

① 面料的正、反面与衣片对称，避免出现"一顺"现象。

② 排料的方向性：一般，服装的长度部分，如衣长、袖片等及零部件，如门襟、嵌线等为防止拉宽变形皆采用经纱；横纱大多用在与大身丝缕相一致的部件，如呢料服装的领面、袋盖和贴边等；而斜料一般都选用在伸缩比较大的部位，如滚条、呢料上装的领里、化纤服装的领面、领里，另外还可用在需增加美观的部位，如条、呢料的覆肩、育克、门外襟等。面料表面有绒毛，且绒毛具有方向性，如灯芯绒、丝绒、人造毛皮等。在用倒顺毛面料进行排料时，首先要弄清楚倒顺毛的方向；为了节约面料，对于绒毛较短的面料，可采用一件倒画，一件顺画的两件套排画样的方法，但是在一件产品中的各部件，不论其绒毛的长短和倒顺向的程度如何，都不能有倒有顺，而应该一致。领面的倒顺毛方向，应以成品领面翻下后保持与后身绒毛同一方向为准。

③ 对条、对格面料的排料：国家服装质量检验标准中关于对条对格有明确的规定，凡是

面料有明显的条格，且格宽在 1 cm 以上者，要条料对条、格料对格。上衣对格的部位：左右门里襟、前后身侧缝、袖与大身、后身拼缝、左右领角及衬衫左右袖头的条格应对应；后领面与后身中缝条格应对准，驳领的左右挂面应对称；大、小袖片横格对准，同件袖子左右应对称；大、小袋与大身对格，右袋对称，左、右袋嵌线条格对称。

④ 对花面料的排料：对花是指面料上的花型图案，经过加工成为服装后，其明显的主要部位组合处的花型仍要保持完整。

⑤ 节约用料：在保证达到设计和制作工艺要求的前提下，尽量减少面料的用量是排料时应遵循的重要原则。根据经验，以下一些方法对提高面料利用率、节约用料行之有效。

a. 先主后次；

b. 紧密套排；

c. 缺口合拼；

d. 大小搭配；

e. 拼接合理。

要做到充分节约面料，排料时就必须根据上述规律反复进行试排，不断改进，最终选出最合理的排料方案。

2）裁剪

要求：a. 裁片注意色差、色条、破损；

b. 纱向顺直、不允许有偏差；

c. 裁片准确、两层相符；

d. 刀口整齐、深 0.5 cm。

(2) 坯样试制

① 茄克衫的质量技术标准

表 4－5　外观质量规定　　单位：cm

前身	1	门襟平挺，左右两边下摆一致，无搅豁
	2	止口挺薄顺直，无起皱、反吐。宽窄相等，圆的应圆，方的应方，尖的应尖
	3	驳口平服顺直，左右两边长短一致，串口要直，左右领缺嘴相同
	4	胸部挺满、无皱、无泡。省缝顺直，高低一致，省尖无泡形，省缝与袋口进出左右相等
	5	袋盖与袋口大小适宜，双袋大小、高低、进出须一致
领子	6	领子平服，不爬领、荡领
	7	前领丝缕正直，领面松度适宜
肩	8	肩头平服，无皱裂形，肩逢顺直，吃势均匀
	9	肩头宽窄、左右一致，垫肩两边进出一致，里外相宜
袖子	10	两袖垂直，前后一致，长短相同。左右袖口大小一致
	11	袖窿圆顺，吃势均匀，前后无吊紧曲皱
	12	袖口平服齐整，装袢左右对称

（续表）

后背	14	背部平服，背缝挺直，左右对称
	15	后背两边吃势要顺
摆缝	17	摆缝顺直平服，松紧适宜，腋下不能有下沉
下摆	18	下摆平服顺宽窄一致

② 男茄克的缝制工艺流程（图 4－13）

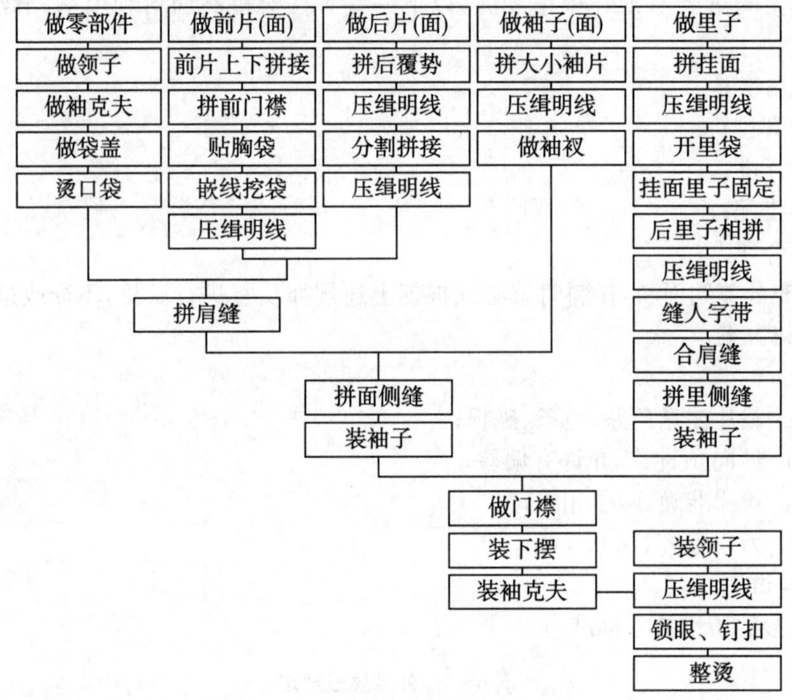

图 4－13　男茄克的缝制工艺流程图

2. 坯样试穿与修正

(1) 对比分析坯样

① 规格核对

测量样衣坯样规格，看规格的差别是否在工艺要求中的公差范围之内。如超出公差范围则需要分析是何种原因造成。

② 款型核对

看制作出来的样衣与先前工艺单上的款式是否相符，如有不符则在样衣上进行修改。

③ 合体程度的核对

将样衣穿在模特上，观察哪些地方有欠缺或不够合体，然后分析原因查找纠错方法，在样板上进行修正。

④ 工艺制作手法的核对

观察样衣上所采用的工艺手法是否与设计稿、工艺单上的要求相符合，不相符合的在下一次制作时进行纠正。

(2) 样板修正与确认

① 针对弊病作样板修正

针对以上的分析与讨论结果，对于样板上的错误或不好的地方进行样板修正，一般在基准样板上进行调整、改正，然后重新拷贝样板。对于改动较多、较大的样板，需要重新做试样修正。

② 确认基准样

经过几次的试样、改样，一直到样衣、样板符合要求后，将基准样确定下来，然后封样。

表 4-6　封样单格式　　单位：cm

<table>
<tr><td rowspan="2">*********
有限公司</td><td colspan="3" rowspan="2">首件试样封样单(制衣)</td><td colspan="2">表码：</td></tr>
<tr><td>修改次数：</td><td>修订日期：</td></tr>
<tr><td>产品名称</td><td colspan="2">男茄克</td><td>款　　式</td><td colspan="2">前后腰线下分割，打褶</td></tr>
<tr><td>货　　号</td><td colspan="2">SB—7</td><td>试样车间</td><td colspan="2"></td></tr>
<tr><td></td><td colspan="2"></td><td>试 样 人</td><td colspan="2"></td></tr>
<tr><td>尺码：</td><td>衣长</td><td>胸围</td><td>腰围</td><td>臀围</td><td>肩宽</td></tr>
<tr><td>指示</td><td></td><td></td><td></td><td></td><td></td></tr>
<tr><td>坯样</td><td></td><td></td><td></td><td></td><td></td></tr>
<tr><td>尺码：</td><td>袖长</td><td>袖口</td><td></td><td></td><td></td></tr>
<tr><td>指示</td><td></td><td></td><td></td><td></td><td></td></tr>
<tr><td>坯样</td><td></td><td></td><td></td><td></td><td></td></tr>
<tr><td colspan="6">封样意见：</td></tr>
<tr><td>封样人</td><td colspan="2"></td><td>封样日期</td><td colspan="2"></td></tr>
<tr><td>打样人</td><td></td><td>样板号</td><td></td><td>审核人</td><td></td></tr>
</table>

过程六：男茄克系列样板制作

1. 系列档差与放缩值的计算

(1) 系列规格及档差

表 4－7　5・4 系列规格及档差　　单位：cm

部位 \ 规格		衣长	胸围	肩宽	袖长	袖口
165/84A	S	68	114	47.6	58	25
170/88A	M	70	118	48.8	59.5	26
175/92A	L	72	122	50	61	27
180/96A	XL	74	126	51.2	62.5	28
185/100A	XXL	76	130	52.4	64	29
档差		2	4	1.2	1.5	1

(2) 基准线的约定

前育克：育克与衣片的分割线、前止口线；前衣片：胸围线、前止口线；

后中片：后背缝线、胸围线；后育克：育克与衣片的分割线、后脊缝线；

后侧片：胸围线、后侧缝线；

袖子：袖山深线、袖山中心线。

2. 推板

(1) 后片

① 后育克推板(表 4－8)

以分割线与后中线为放码基准线，各部位推档量和放缩说明如下：

表 4－8　后育克推档量与放缩说明　　单位：cm

代号	推档量(单位：cm)		放缩说明
A	↕	0.3	$AI=\frac{\Delta B}{6}=\frac{4}{6}\approx 0.7$，由于 AF 近似等于 AI/2，即$\frac{\Delta B}{6}\times\frac{1}{2}\approx 0.3$ cm(ΔB 为胸围档差)
	↔	0	坐标基准线上的点，不放缩
D	↕	0	坐标基准线上的点，不放缩
	↔	0	坐标基准线上的点，不放缩
B	↕	0.35	同 A 点纵向变化量加后直开领变化量，即 $0.3+\frac{\Delta B}{80}=0.3+0.05=0.35$ cm
	↔	0.2	横开领档差为胸围档差的 1/20，即$\frac{\Delta B}{20}=\frac{4}{20}=0.2$ cm

（续表）

代号	推档量(单位：cm)		放缩说明
C	↕	0.3	同A点纵向变化量，使小肩线平行
	↔	0.6	肩宽档差的1/2
E	↕	0	坐标基准线上的点，不放缩
	↔	0.6	同E点

② 后中片推板(表4-9)

以后中线与胸围线为放码基准线，各部位推档量和放缩说明如下：

表4-9 后中片推档量与放缩说明 单位：cm

代号	推档量(单位：cm)		放缩说明
D	↕	0.4	AI=0.7 cm，DI=AI−AD=0.7−0.3=0.4 cm
	↔	0	坐标基准线上的点，不放缩
F	↕	0.4	同D点纵向变化量
	↔	0.5	胸围变化量(胸围档差的1/4)的1/2
G	↕	1.3	衣长档差减去AI的档差0.7，即2−0.7=1.3 cm
	↔	0	坐标基准线上的点，不放缩
H	↕	1.3	同L点纵向变化量
	↔	0.5	同H点横向变化量

③ 后侧片推板(表4-10)

以后侧缝线与胸围线为放码基准线，各部位推档量和放缩说明如下：

表4-10 后侧片推档量与放缩说明 单位：cm

代号	推档量(单位：cm)		放缩说明
F	↕	0.4	同后中片H点纵向变化量
	↔	0.5	同后中片H点横向变化量，使后中片胸围档差与后侧片胸围档差相加等于1 cm

（续表）

代号	推档量（单位：cm）		放缩说明
H	↕	1.3	同G点纵向变化量
	↔	0.5	同F点横向变化量
E	↕	0.4	同F点纵向变化量
	↔	0.4	后育克中DE的变化量是0.6 cm，因此E=1−0.6=0.4 cm
J	↕	0	坐标基准线上的点，不放缩
	↔	0	坐标基准线上的点，不放缩
K	↕	1.3	同H点纵向变化量
	↔	0	坐标基准线上的点，不放缩

(2) 前片（图4－14）

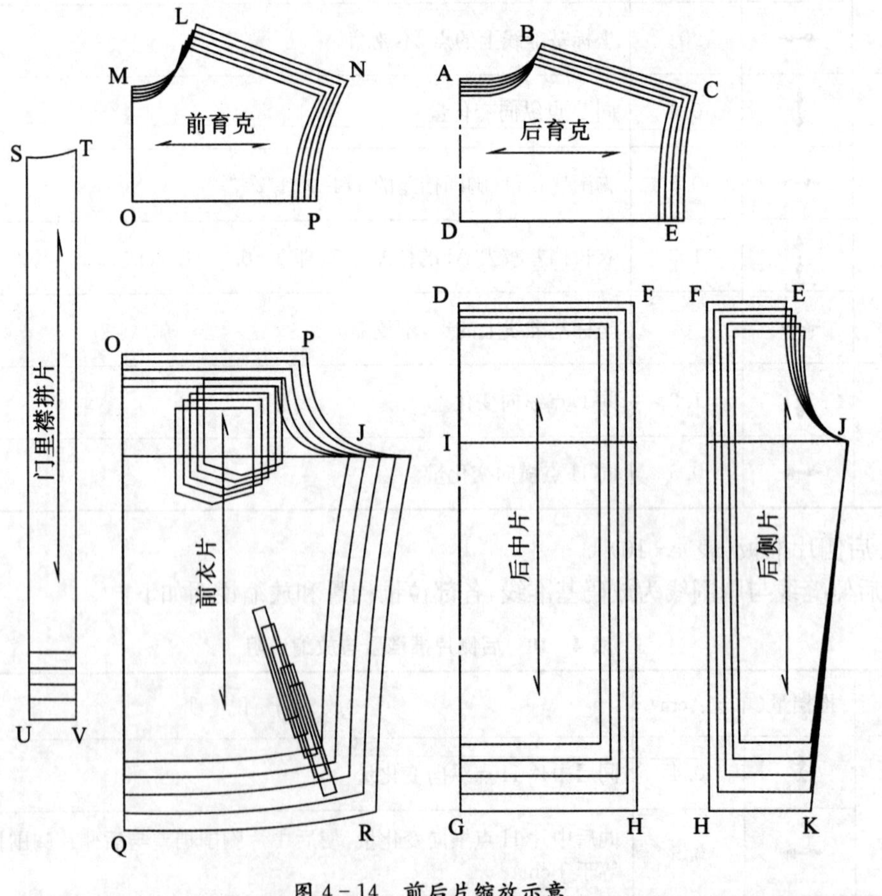

图4－14　前后片缩放示意

① 前育克推板(表 4－11)

以前止口线与分割线为放码基准线，各部位推档量和放缩说明如下：

表 4－11　前育克推档量与放缩说明

单位：cm

代号	推档量(单位：cm)		放缩说明
L	↕	0.3	同后育克 A 点相匹配，也采用 0.3 cm
	↔	0.2	同后育克 B 点的横向变化量
M	↕	0.1	直开领档差为胸围档差的$\frac{\Delta B}{20}=0.2$，因为 L 点纵向变化量为 0.3，因此 M 点纵向变化量为 $0.3-0.2=0.1$ cm
	↔	0	坐标基准线上的点，不放缩
N	↕	0.2	同后育克 C 点的纵向变化量
	↔	0.6	使前小肩线相互平行
O	↕	0	坐标基准线上的点，不放缩
	↔	0	坐标基准线上的点，不放缩
P	↕	0	坐标基准线上的点，不放缩
	↔	0.6	同后育克 E 点的横向变化量

② 前片推板(表 4－12)

以前止口线与胸围线为放码基准线，各部位推档量和放缩说明如下：

表 4－12　前片推档量与放缩说明

单位：cm

代号	推档量(单位：cm)		放缩说明
O	↕	0.4	同后片 D 点的纵向变化量
	↔	0	坐标基准线上的点，不放缩
Q	↕	1.3	同后片 G 点的纵向变化量
	↔	0	坐标基准线上的点，不放缩
P	↕	0.4	同后片 O 点的纵向变化量
	↔	0.6	同前育克 P 点的横向变化量

(续表)

代号	推档量(单位: cm)		放缩说明
J	↕	0	坐标基准线上的点,不放缩
	↔	1	胸围变化量(胸围档差的 1/4)
R	↕	1.3	同 Q 点的纵向变化量
	↔	1	同 J 点的横向变化量

③ 门里襟拼片推板(表 4-13)

以前止口线与上口线为放码基准线,各部位推档量和放缩说明如下:

表 4-13 前中片推档量与放缩说明 单位: cm

代号	推档量(单位: cm)		放缩说明
S	↕	0	坐标基准线上的点,不放缩
	↔	0	坐标基准线上的点,不放缩
T	↕	0	坐标基准线上的点,不放缩
	↔	0	坐标基准线上的点,不放缩
U	↕	1.8	衣长的档差减去直开领的变化量,即 2－0.2＝1.8
	↔	0	坐标基准线上的点,不放缩
V	↕	1.8	衣长的档差减去直开领的变化量,即 2－0.2＝1.8
	↔	0	坐标基准线上的点,不放缩

(3) 袖子(图 4-15)

① 大袖片推板(表 4-14)

以袖山深线和袖山中心线为放码基准线,各部位推档量和放缩说明如下:

表 4-14 大袖片推档量与放缩说明 单位: cm

代号	推档量(单位: cm)		放缩说明
A	↕	0.5	前后袖窿深档差的平均值乘以 80%,取 0.5 cm
	↔	0	坐标基准线上的点,不放缩

(续表)

代号	推档量(单位：cm)		放 缩 说 明
B	↕	0.2	位于袖山高的 2/5 处，取 0.2 cm
	↔	0.2	袖窿门宽变化量 0.8 的 1/4
C	↕	0.25	位于袖山高的 1/2 处
	↔	0.2	袖窿门宽变化 0.8 量的 1/4
D	↕	1.0	袖长档差减去 A 点纵向变化量
	↔	0.2	同 C 点横向变化量
E	↕	1.0	同 D 点纵向变化量
	↔	0.3	袖口档差的 1/2 减去 D 点横向变化量

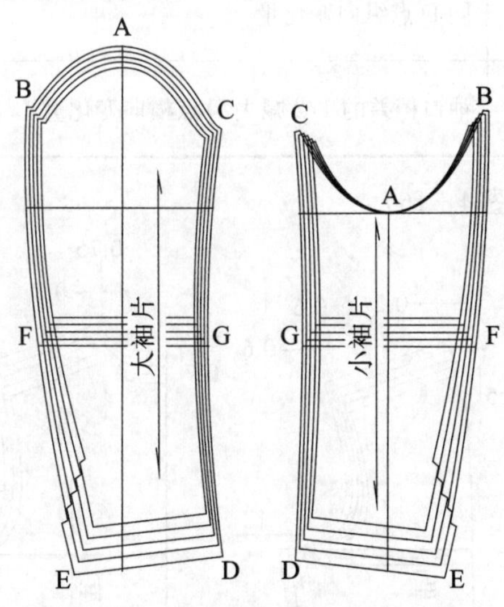

图 4-15 经典款袖子缩放示意图

② 小袖片推板(表 4-15)

以袖中线为放码基准线，各部位推档量和放缩说明如下：

表 4-15 小袖片推档量与放缩说明　　单位：cm

代号	推档量(单位：cm)		放 缩 说 明
A	↕	0	坐标基准线上的点，不放缩
	↔	0	坐标基准线上的点，不放缩

(续表)

代号	推档量(单位: cm)		放 缩 说 明
B	↕	0.22	位于袖山高的 2/5 处,取 0.2 cm
	↔	0.2	袖窿门宽变化量 0.8 的 1/4
C	↕	0.25	位于袖山高的 1/2 处
	↔	0.2	袖窿门宽变化量 0.8 的 1/4
D	↕	1.0	袖长档差减去 A 点纵向变化量
	↔	0.2	同 C 点横向变化量
E	↕	1.0	同 D 点纵向变化量
	↔	0.3	袖口档差的 1/2 减去 D 点横向变化量

(4) 挂面及里子推档(图 4-16)

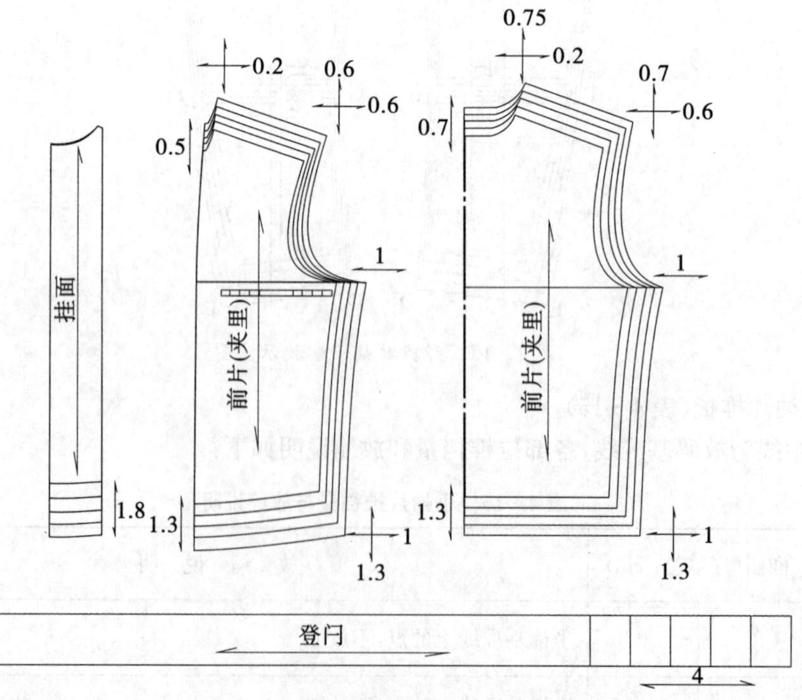

图 4-16(a) 经典款挂面、领子及里子推板图

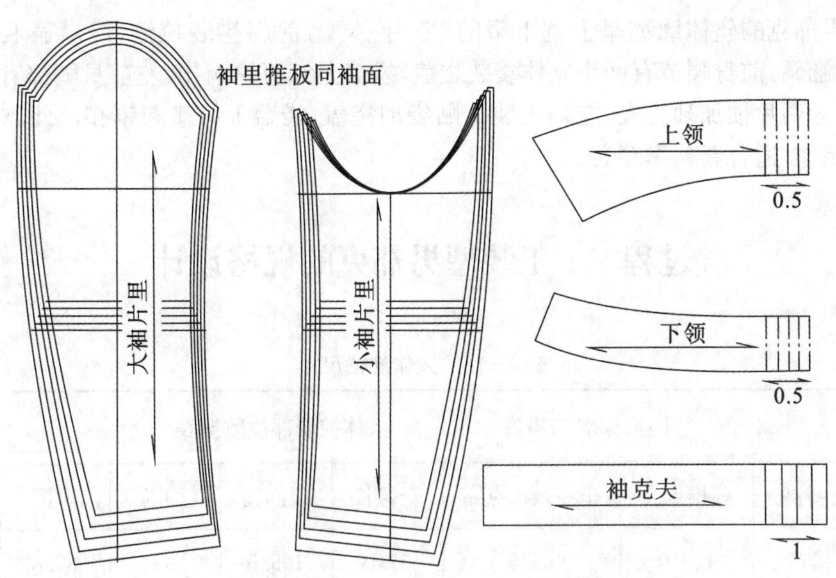

图 4-16(b)　经典款袖子里子推板图

领子：领宽不变，领形不变，以领前部造形为基准线，领子的档差为 1 cm，因此后中推 0.5 cm；

挂面：里布推板同面布样板，在此不再叙述。

二、正装型男茄克变化款式的制板

■ 案例一：工装型男茄克制板

过程一：工装型男茄克款式分析(图 4-17)

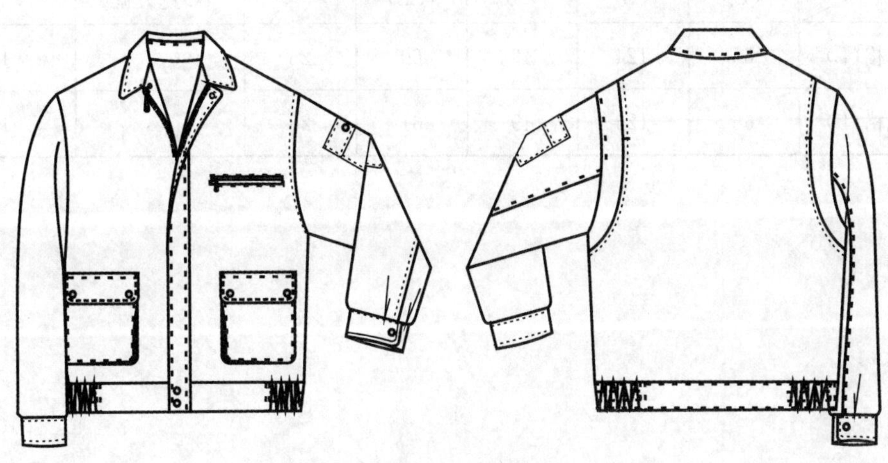

图 4-17　工作服款式图

此款男茄克的整体廓型呈上宽下窄的"T"字体型，前门襟装拉链，门襟盖上钉三粒铜扣，领型为翻领，前身腰节有两个立体袋装袋盖，袋盖上钉两粒铜扣，左前身胸部有一个拉链挖袋，袖型为两片袖加袖克夫，左袖上装1贴袋加袋盖，袋盖上钉1粒铜扣。此款可采用混纺类面料制作，适合春秋季穿着。

过程二：工装型男茄克的规格设计

表4-16　人体规格尺寸　　单位：cm

国家标准175/92A　人体控制部位数据表								
部位	身高	颈椎点高	坐姿颈椎点高	全臂长	腰围高	胸围	颈围	总肩宽
数据	175	149.0	68.5	57.0	105.5	92	37.8	44.8

根据国家服装号型标准中L码的标准为A型体，号为175 cm，型为92 cm。结合设计稿款式的结构、工艺特点和服装风格、款型设计，工艺茄克进行放松量加放后形成成衣规格，见下表4-17。假设以下面料测试中所测得的缩率：经向为1.5%，纬向为1.0%，计算L号的相关部位制板规格如下：

① 衣长：$(175\times\frac{2}{5}-5)\div(1-1.5\%)\approx66$；

② 胸围：$(92+32)\div(1-1.0\%)+$工艺损耗≈126 cm；

③ 肩宽：$(44.8+4)\div(1-1.0\%)\approx49$ cm；

④ 袖长：$(57+3)\div(1-1.5\%)\approx61$ cm。

表4-17　制板规格表　　单位：cm

部位/规格	衣长(L)	胸围(B)	肩宽(S)	袖长(SL)	袖口	下摆宽\袖克夫宽	无松紧下摆
成衣规格(L)	65	124	49	60	25	5	108
打板规格(L)	66	126	49	61	25	5	109

过程三：工装型男茄克结构制图(图 4－18)

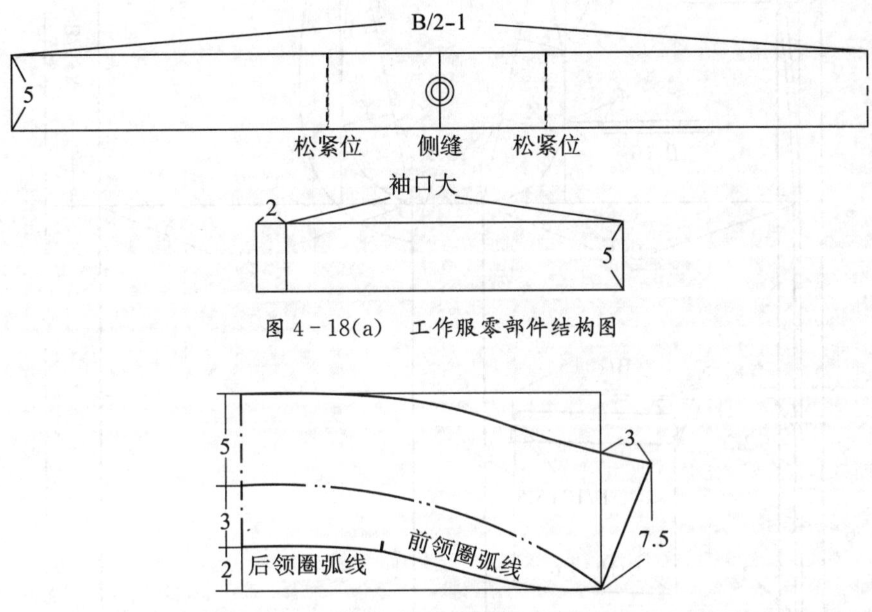

图 4－18(a)　工作服零部件结构图

图 4－18(b)　工作服领子结构图

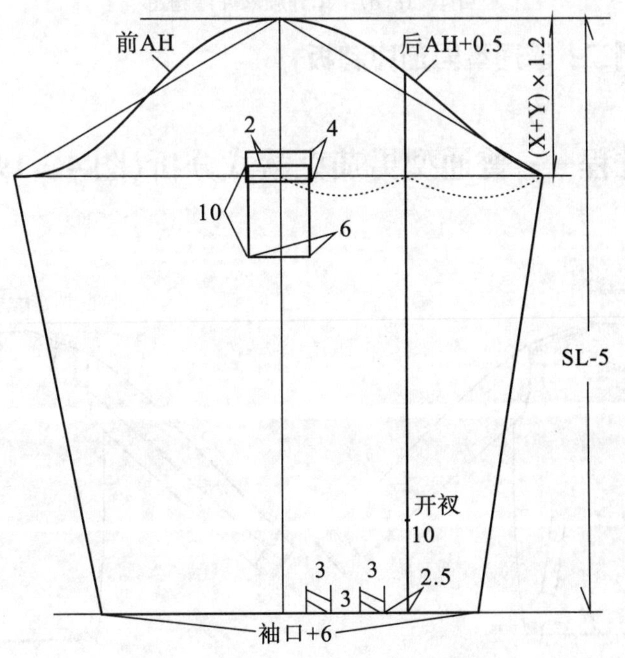

图 4－18(c)　工作服袖子结构图

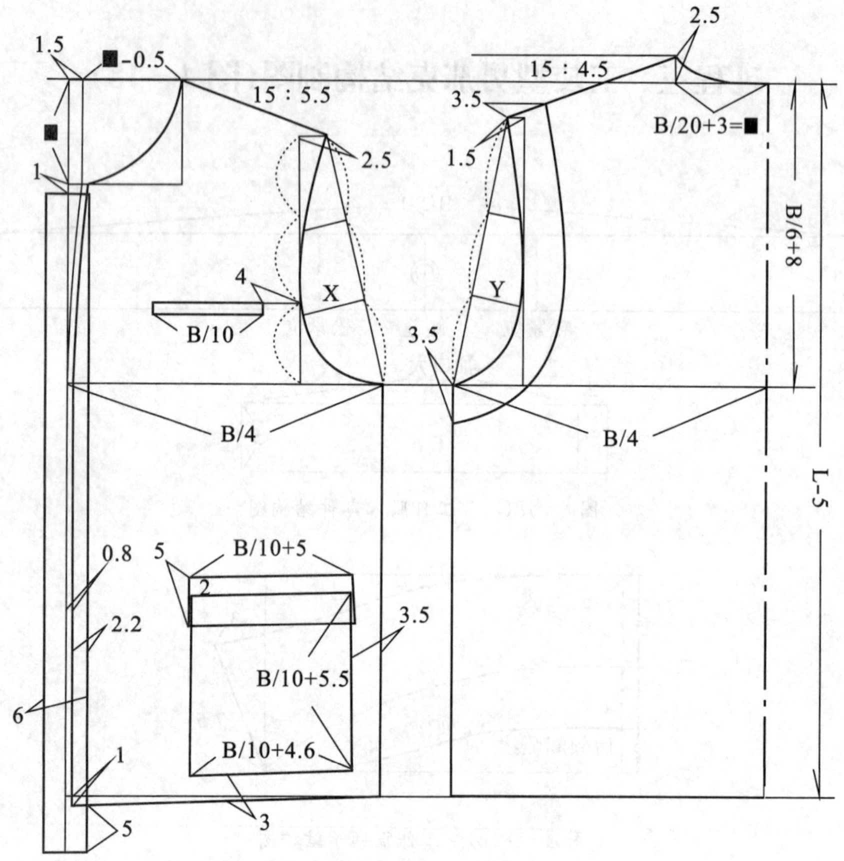

图 4-18(d) 工作服衣片结构图

■ 案例二：普通型男茄克制板

过程一：普通型男茄克款式分析(图 4-19)

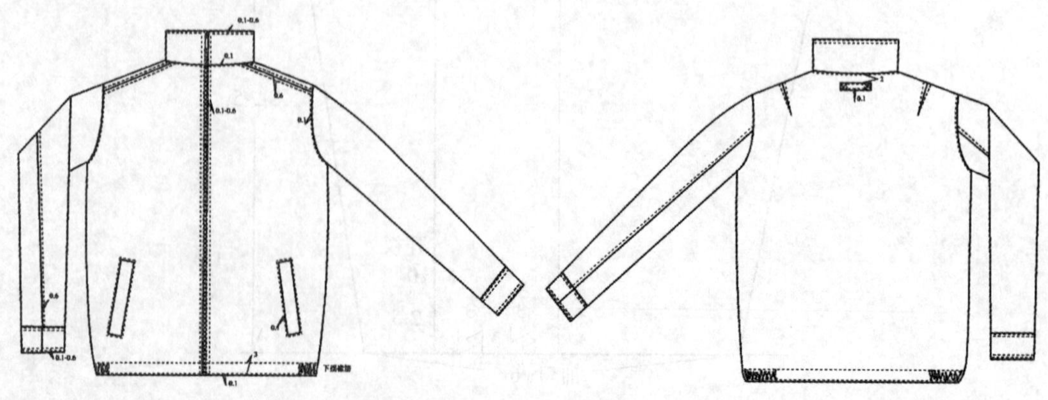

图 4-19 普通款式分析

此款男茄克的整体廓型呈上宽下窄的"T"字体型，前门襟装拉链，领型为立领，前身腰节有两个插袋，袖型为两片袖加袖克夫，后片左右各一个肩省。此款可采用混纺类面料制作，适合春秋季穿着。

过程二：普通型男茄克的规格设计

表 4－18 人体尺寸规格

单位：cm

国家标准 175/92A 人体控制部位数据表								
部位	身高	颈椎点高	坐姿颈椎点高	全臂长	腰围高	胸围	颈围	总肩宽
数据	175	149.0	68.5	57.0	105.5	92	37.8	44.8

根据国家服装号型标准中 L 码的标准为 A 型体，号为 175 cm，型为 92 cm。结合茄克的款式进行加放量配置，最后形成成衣规格，见下表 4－19。假设以下面料测试中所测得的缩率：经向为 1.5%，纬向为 1.0%，计算 L 号的相关部位制板规格如下：

① 衣长：175×2/5÷(1－1.5%)≈72 cm；

② 胸围：(92＋30)÷(1－1.0%)＋工艺损耗≈124 cm；

③ 肩宽：(44.8＋4)÷(1－1.0%)≈49 cm；

④ 袖长：(57＋3)÷(1－1.5%)≈61 cm。

表 4－19 制板规格表

单位：cm

部位 规格	衣长 (L)	胸围 (B)	肩宽 (S)	袖长 (SL)	袖口	无松紧下摆
成衣规格(L)	70	122	49	60	27	102
打板规格(L)	72	124	49	61	27	104

过程三：普通型男茄克结构制图(图 4 - 20)

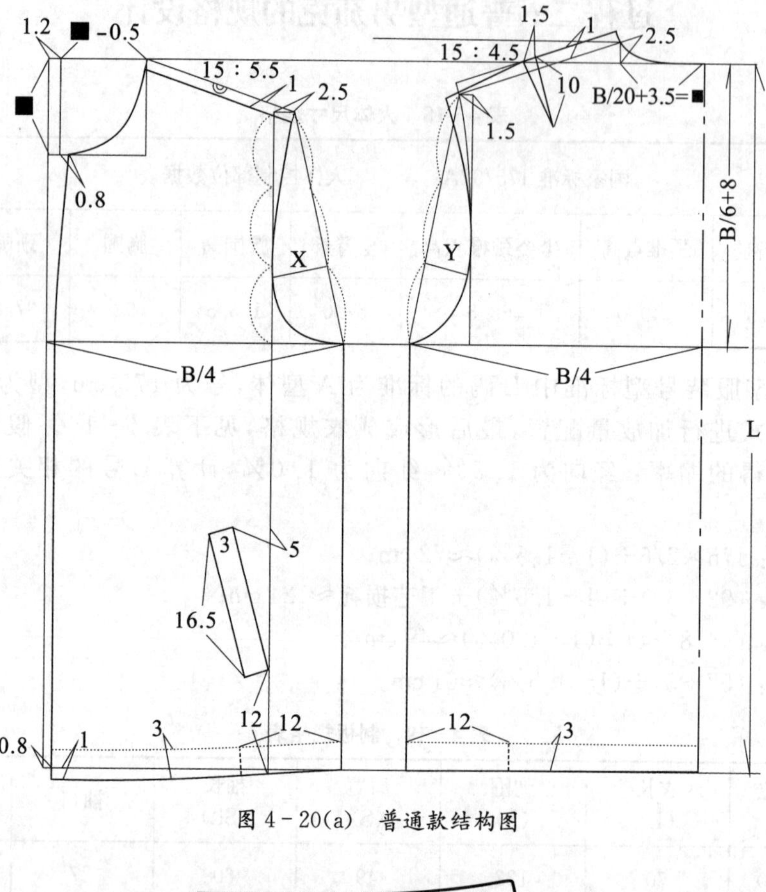

图 4 - 20(a) 普通款结构图

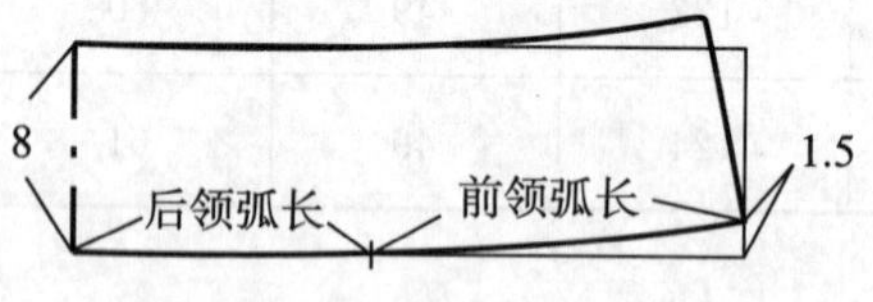

图 4 - 20(b) 普通款领子结构图

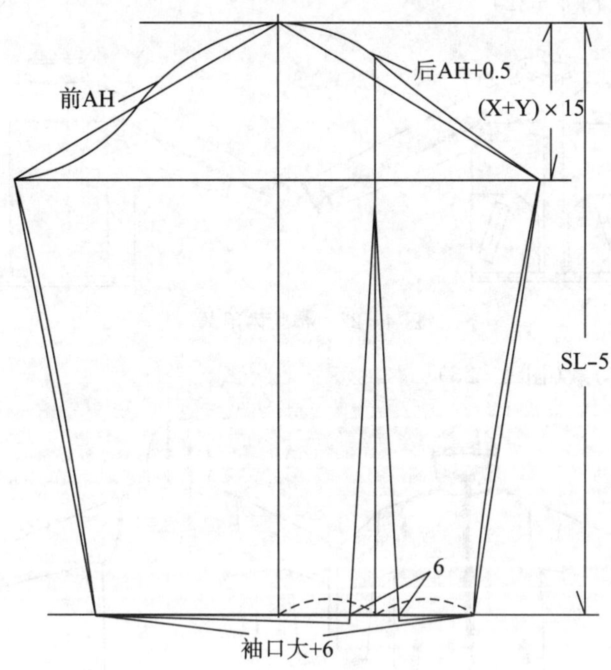

图 4-20(c) 普通款袖子结构图

三、休闲运动型男茄克制板

过程一：休闲运动型男茄克款式分析

1. 插肩袖运动款(图 4-21)

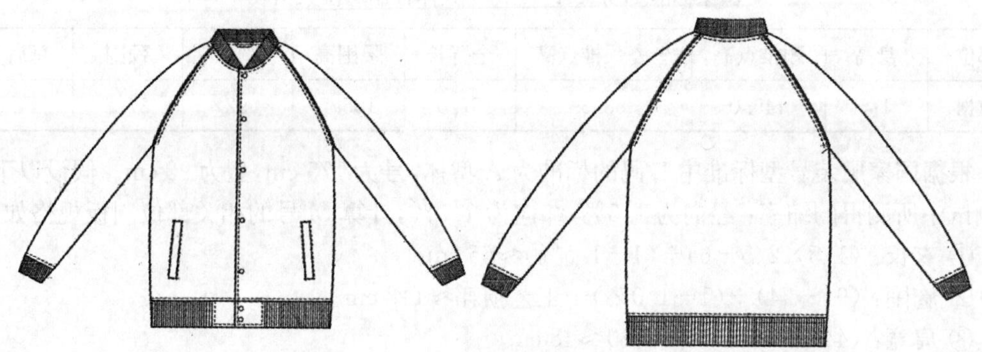

图 4-21 插肩袖运动款

2. 棉服休闲款(图 4－22)

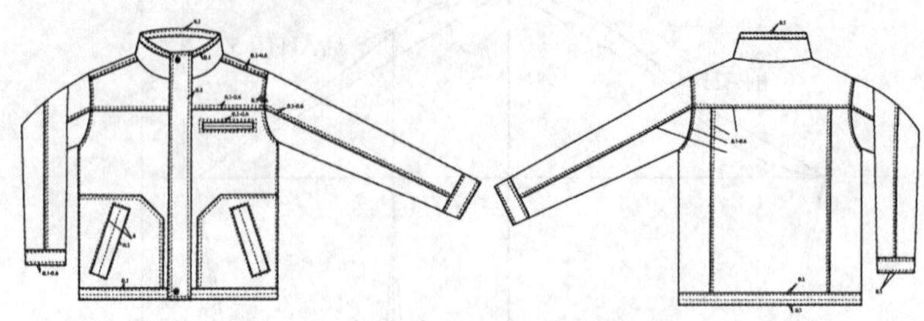

图 4－22 棉服休闲款

3. 带帽休闲运动款(图 4－23)

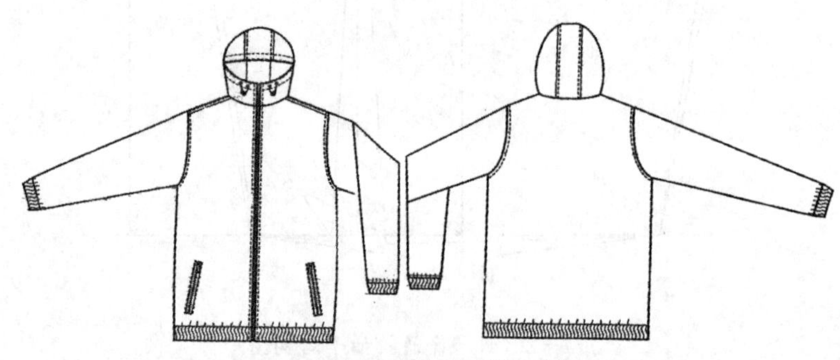

图 4－23 带帽休闲运动款

图 4－21～图 4－23 中共有三个休闲运动茄克款式,通过对这三个款式的外观造型和结构的对比、分析,可以看出:随着当今信息时代的发展,正装在日常生活的场合的“生存空间”将逐渐缩小,人们需要的是更为舒适、休闲的服装,以一种舒适、随意和放松的状态生活。着装上注意场合,注意舒适、自然的感觉,注重品味与心理因素。

过程二:确定茄克的规格尺寸

表 4－20 人体规格尺寸 单位:cm

国家标准 175/92A 人体控制部位数据表									
部位	身高	颈椎点高	坐姿颈椎点高	全臂长	腰围高	胸围	颈围	总肩宽
数据	175	149.0	68.5	57.0	105.5	92	37.8	44.8

根据国家服装号型标准中 L 码的标准为 A 型体,号为 175 cm,型为 92 cm。假设以下面料测试中所测得的缩率:经向为 1.5%,纬向为 1.0%,计算 M 号的相关部位制板规格如下:

① 衣长:(175×2/5－6)÷(1－1.5%)≈65 cm;

② 胸围:(94＋24)÷(1－1.0%)＋工艺损耗≈118 cm;

③ 肩宽:(44.8＋3)÷(1－1%)≈48 cm;

④ 袖长:(57＋3)÷(1－1.5%)≈61 cm。

表 4-21 制板规格表 单位：cm

部位 规格	衣长 (L)	胸围 (B)	肩宽 (S)	袖长 (SL)	袖口 罗纹	下摆宽\ 袖克夫宽	领围
成衣规格(L)	64	116	48	60	20	5	46
打板规格(L)	65	118	48	61	20	5	46

过程三：插肩袖运动款男茄克结构制图

1. 茄克的款式分析(图 4-24)

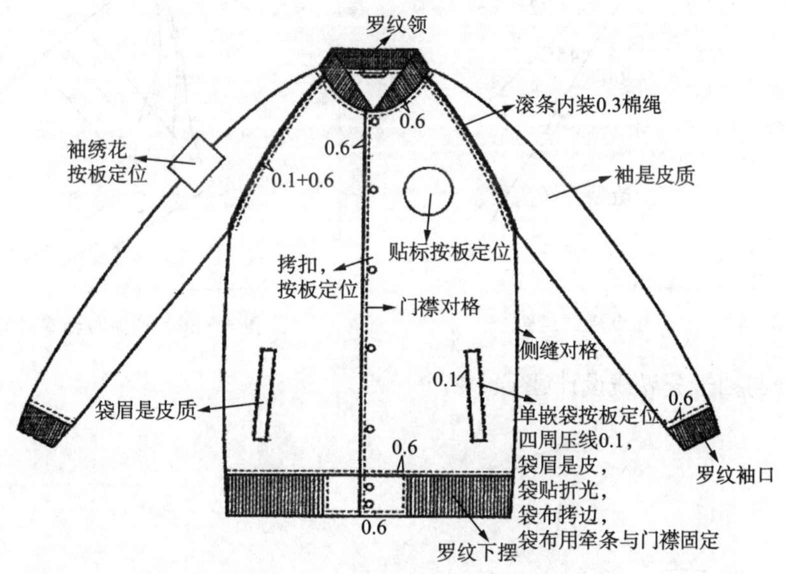

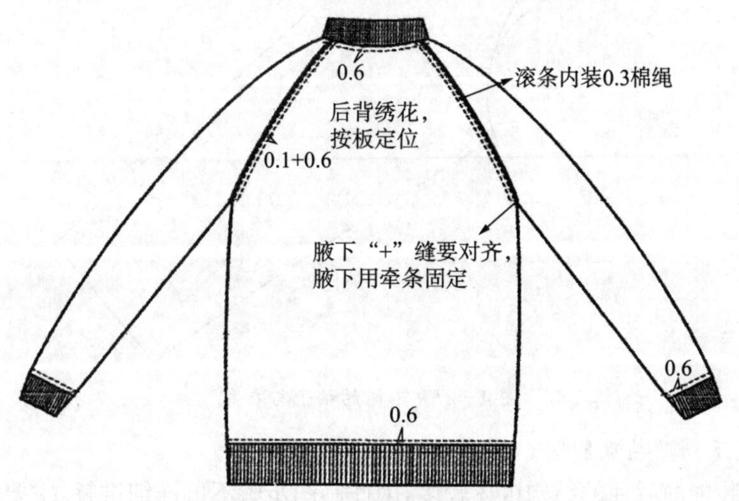

图 4-24 茄克的款式分析

2. 插肩袖运动款茄克结构制图

插肩袖是仅次于装袖用得较多的袖子，她具有装袖所没有的合理性与优点。从构造上说，装袖是对上肢，而插肩袖是对上肢带设计的。插肩袖穿着方便，形式多样，有多种结构形式：一片袖、两片袖和三片袖结构都有。但结构原理都是一致的，都依据于基本袖型的制图规则。

(1) 袖中线倾斜角的设计(图 4－25)；

(2) 袖山高与袖宽的设计(图 4－26)。

相同的袖中线倾斜角，会出现不同的袖山高与袖宽。

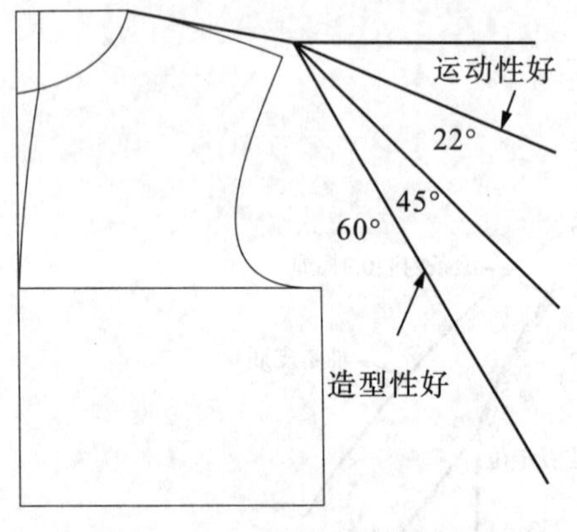

图 4－25 不同袖中线倾斜角

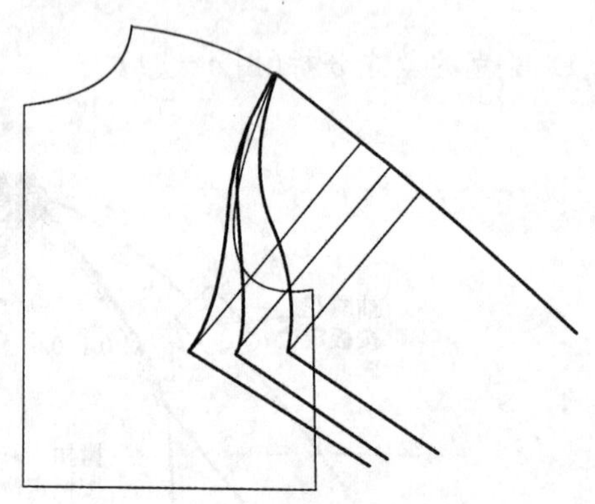

图 4－26 袖高与袖宽设计

(3) 衣身与袖子分界线设计(图 4－27)

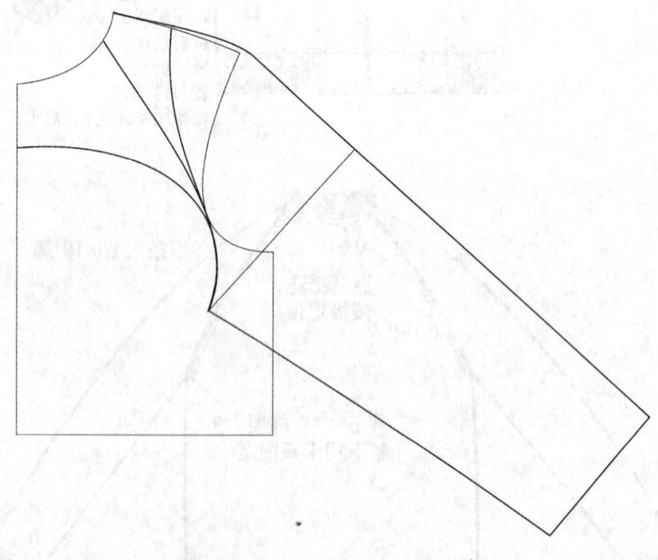

图 4－27 不同的袖子与衣身

3. 插肩袖运动款茄克制图

由于在正装中前后片的结构讲述较多，因此制图步骤不再详细讲解，主要在此款中讲解插肩袖的结构与罗纹的制板方法。

(1) 后片制图(图 4-28)

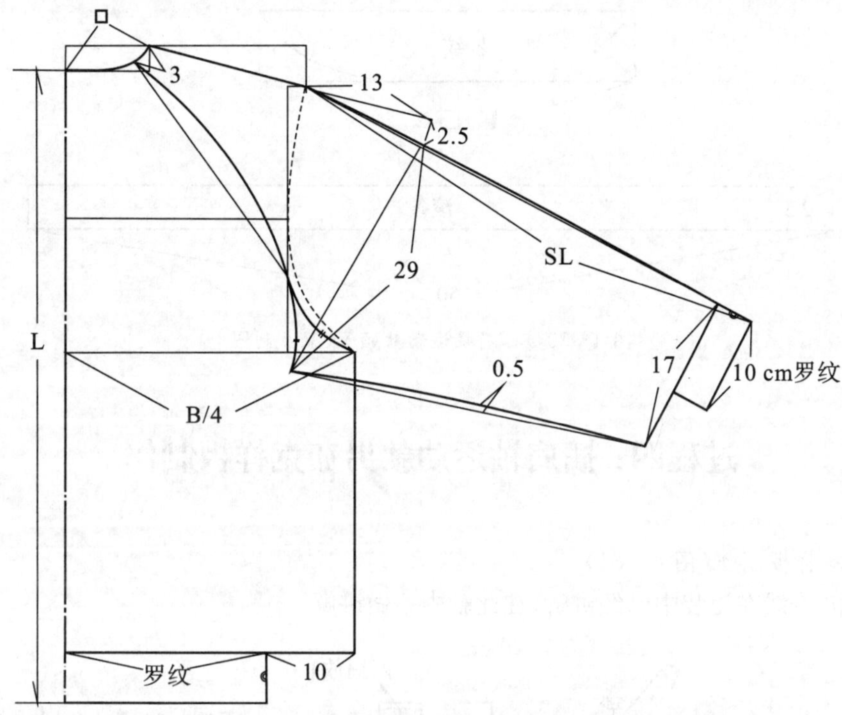

图 4-28 插肩袖运动款后片结构图

(2) 前片制图(图 4-29)

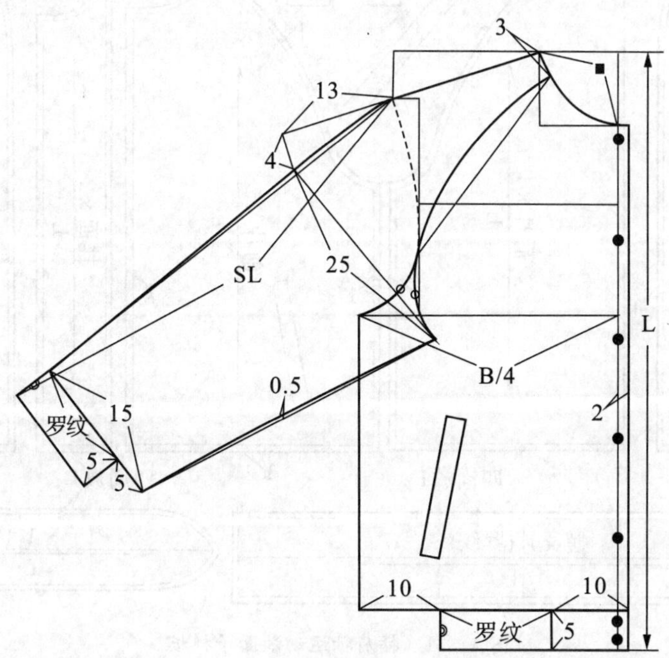

图 4-29 插肩袖运动款前片结构图

(3) 领子、滚条制图(图 4－30)

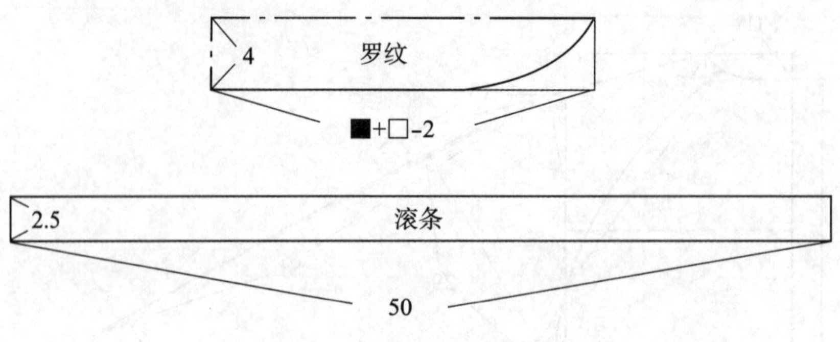

图 4－30　插肩袖运动款领子、滚条制图

过程四：插肩袖运动款男茄克样板制作

1. 面料样板制作(图 4－31)

口袋布、嵌线在正装中已经讲解，在此款中不做讲解。

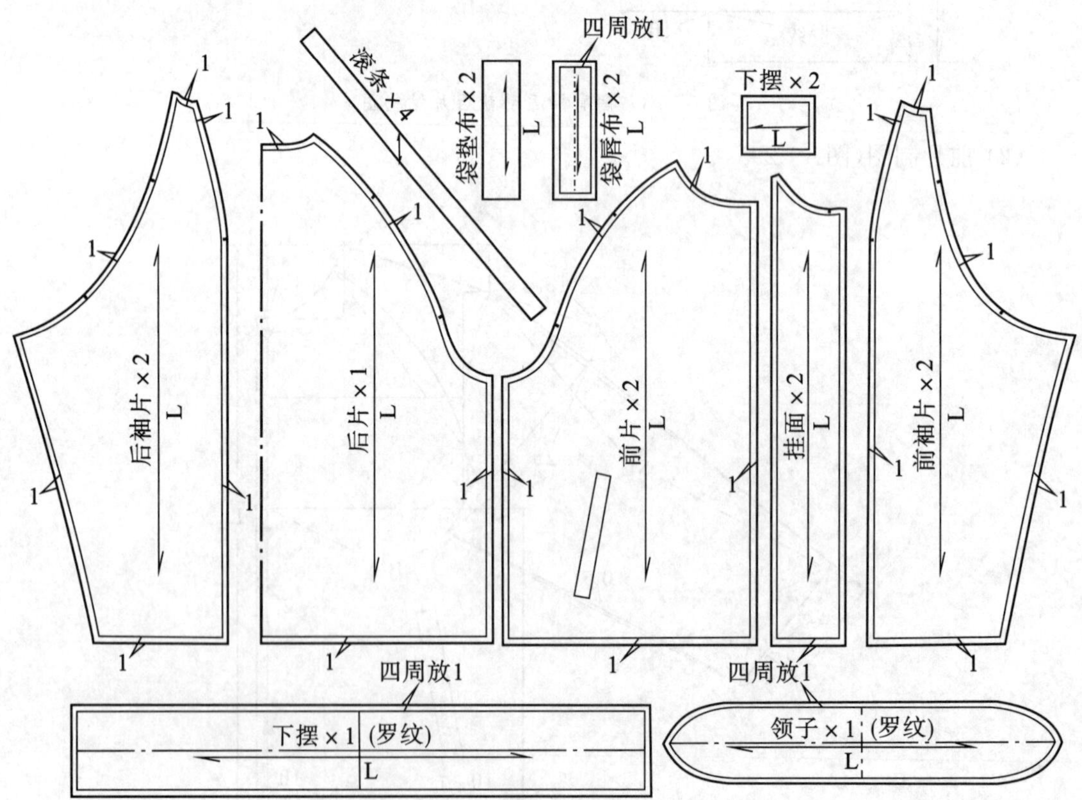

图 4－31　插肩袖运动款面子样板

2. 里料样板制作(图 4-32)

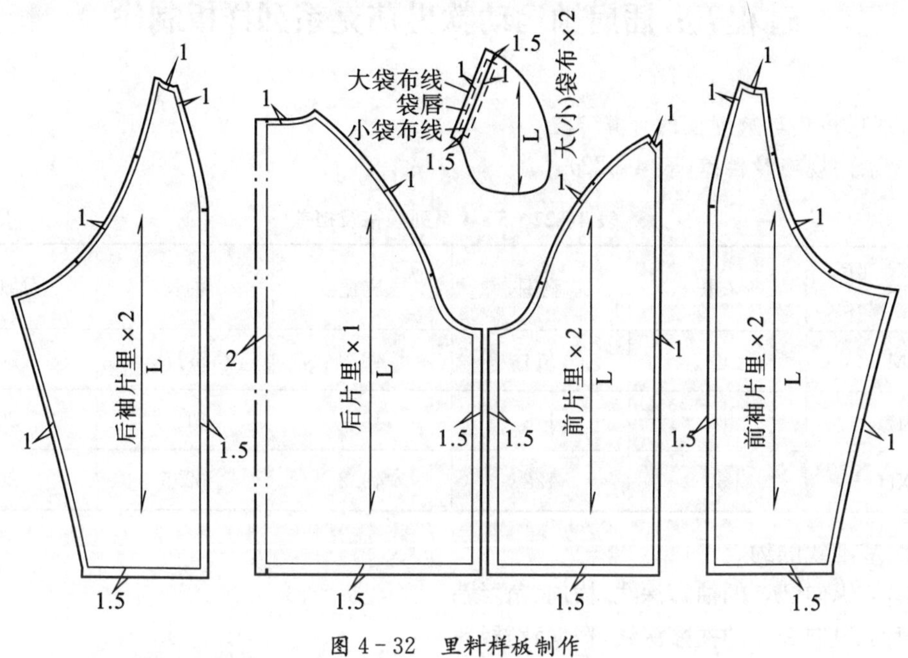

图 4-32 里料样板制作

3. 衬料样板制作(图 4-33)

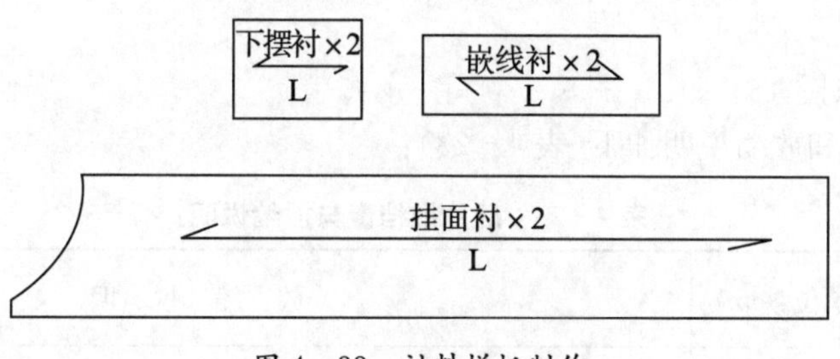

图 4-33 衬料样板制作

4. 工艺样板制作(图 4-34)

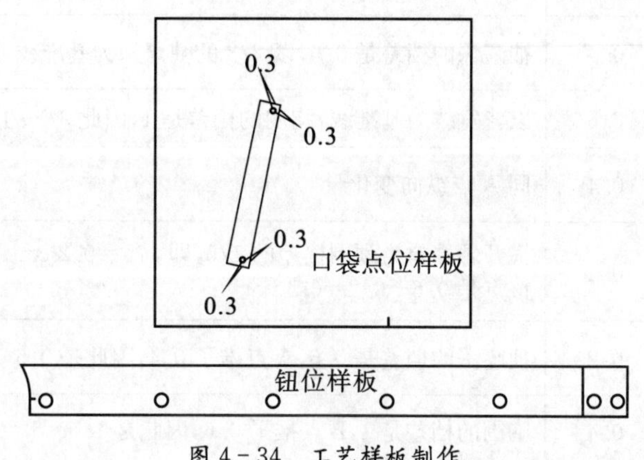

图 4-34 工艺样板制作

过程五：插肩袖运动款男茄克系列样板制作

1. 系列档差与放缩值的计算

(1) 系列规格及档差(表 4－22)

表 4－22　5·4 系列规格及档差　　单位：cm

规格＼部位	衣长	胸围	肩宽	袖长	袖口
M	63	114	46.8	59.5	20
L	65	118	48	61	20
XL	67	122	49.2	62.5	20

(2) 基准线的约定

前片：纵向 2/3 的袖窿深线，横向背宽线；

后片：纵向 2/3 的袖窿深线，横向背宽线；

袖子：A 点与 B 点纵向 2/3 的袖窿深线，横向背宽线；

C、D、E、F 点纵向 3/5 的袖山深线，横向袖中线。

2. 推板

(1) 后片推板(图 4－35)

各部位推档量和放缩说明如下(表 4－23)：

表 4－23　后片推档量与放缩说明　　单位：cm

代号	推档量(单位：cm)		放　缩　说　明
0	↕	0	坐标基准线上的点，不放缩
	↔	0	坐标基准线上的点，不放缩
A	↕	0.4	袖窿深的档差是 0.6，以 2/3 的袖窿深为基准线，因此等于 0.4
	↔	0.6	以背宽线为基准线，胸围的档差是 1，因此 3/5 的胸围为 0.6
B	↕	0.4	同 A 点纵向变化量
	↔	0.4	横开领档差为颈围档差的 1/5，即 1/5＝0.2 cm。现后中推了 0.6，因此该点是 0.6－0.2＝0.4
C	↕	0.2	袖窿深的档差是 0.6，A 点推了 0.4，因此是 0.6－0.4＝0.2
	↔	0.4	胸围的档差是 1，B 点推了 0.6，因此是 1－0.6＝0.4

(续表)

代号	推档量(单位: cm)		放缩说明
D	↕	1.6	衣长的档差为2,A点推了0.4,因此是2－0.4＝1.6
	↔	0.4	同C点横向变化量
E	↕	1.6	同D点纵向变化量
	↔	0.6	同A点横向变化量

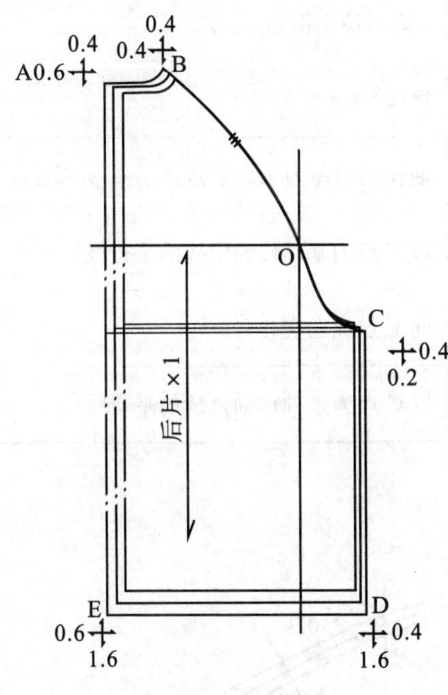

图4-35 后片推板

(2) 后袖片推板(图4-36)

各部位推档量和放缩说明如下(表4-24)

表4-24 后袖片推档量与放缩说明 单位: cm

代号	推档量(单位: cm)		放缩说明
0	↕	0	坐标基准线上的点,不放缩
	↔	0	坐标基准线上的点,不放缩
A	↕	0.4	同后片的B点纵向变化量
	↔	0.4	同后片的B点横向变化量

(续表)

代号	推档量(单位：cm)		放缩说明
B	↕	0.4	同后片的B点纵向变化量
	↔	0.4	同后片的B点横向变化量
C	↕	0.2	同后片的C点纵向变化量
	↔	0.4	同后片的C点横向变化量
F	↕	0.3	3/5的袖山档差，即0.3
	↔	0	肩线平行
E	↕	1.2	袖长的档差为1.5，F点推了0.3，因此1.5－0.3＝1.2
	↔		以F点为基础作袖中线的平行线
D	↕	1.2	同E点纵向变化量
	↔		以C点为基础作袖低缝的平行线

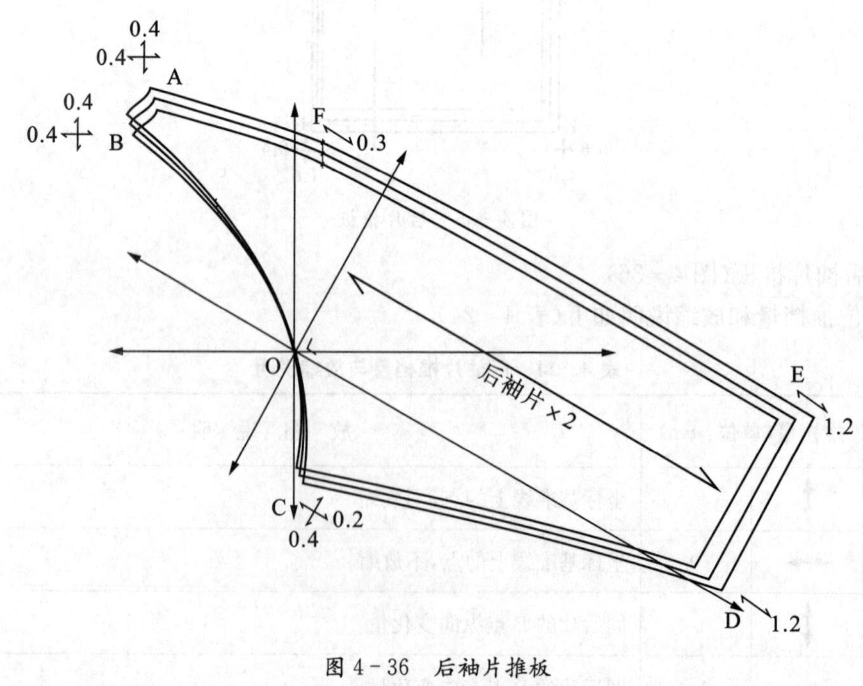

图4－36　后袖片推板

(3) 前片推板(图 4-37)

各部位推档量和放缩说明如下(表 4-25):

表 4-25　前片推档量与放缩说明　　单位：cm

代号	推档量(单位：cm)		放　缩　说　明
0	↕	0	坐标基准线上的点,不放缩
	↔	0	坐标基准线上的点,不放缩
A	↕	0.2	领围的档差为 1,B 点纵向推了 0.4,因此 1/5 的领围档差为 0.2,因此 0.4−0.2=0.2
	↔	0.6	同后片 A 点纵向变化量
B	↕	0.4	同后片 B 点纵向变化量
	↔	0.4	同后片 B 点纵向变化量
C	↕	0.2	同后片 C 点纵向变化量
	↔	0.4	同后片 C 点纵向变化量
D	↕	1.6	同后片 D 点纵向变化量
	↔	0.4	同后片 D 点纵向变化量
E	↕	1.6	同后片 E 点纵向变化量
	↔	0.6	同后片 E 点纵向变化量

(4) 前袖片推板(图 4-38)

各部位推档量和放缩说明如下(表 4-26):

表 4-26　前袖片推档量与放缩说明　　单位：cm

代号	推档量(单位：cm)		放　缩　说　明
0	↕	0	坐标基准线上的点,不放缩
	↔	0	坐标基准线上的点,不放缩
A	↕	0.4	同后袖的 A 点纵向变化量
	↔	0.4	同后袖的 A 点横向变化量

(续表)

代号	推档量(单位：cm)		放缩说明
B	↕	0.4	同后袖的B点纵向变化量
	↔	0.4	同后袖的B点横向变化量
C	↕	0.2	同后袖的C点纵向变化量
	↔	0.4	同后袖的C点横向变化量
F	↕	0.3	同后袖的F点纵向变化量
	↔	0	同后袖的F点横向变化量
E	↕	1.2	同后袖的E点纵向变化量
	↔		同后袖的E点横向变化量
D	↕	1.2	同后袖的D点纵向变化量
	↔		同后袖的D点横向变化量

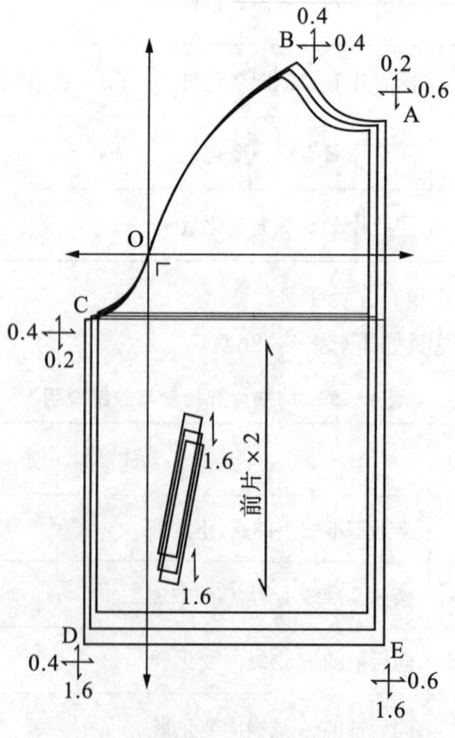

图4-37　前片推板

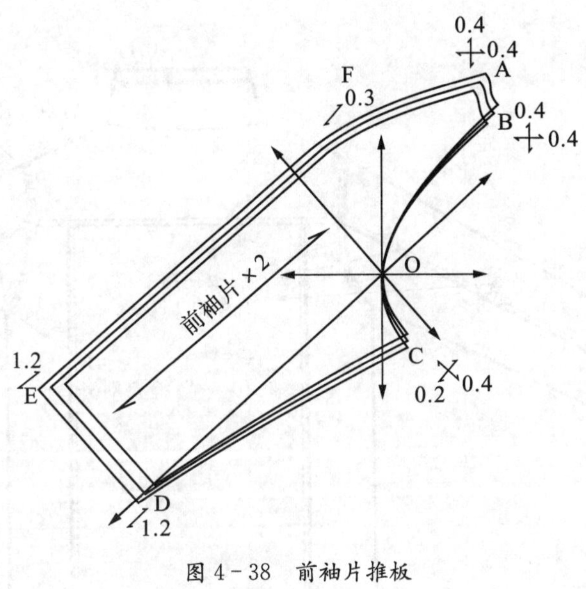

图 4-38 前袖片推板

四、休闲运动型男茄克变化款的制板

案例一：棉服休闲男茄克制板

过程一：棉服休闲男茄克款式分析(图 4-39、图 4-40)

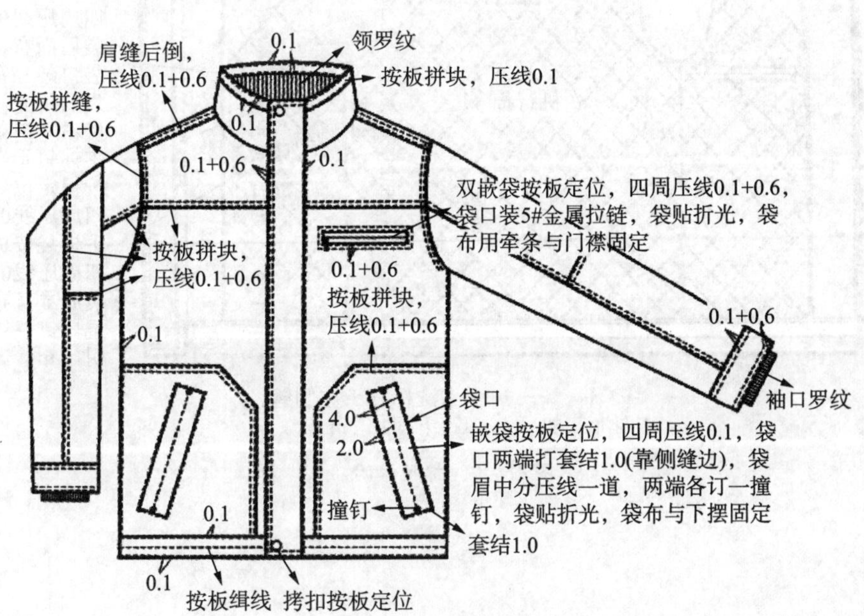

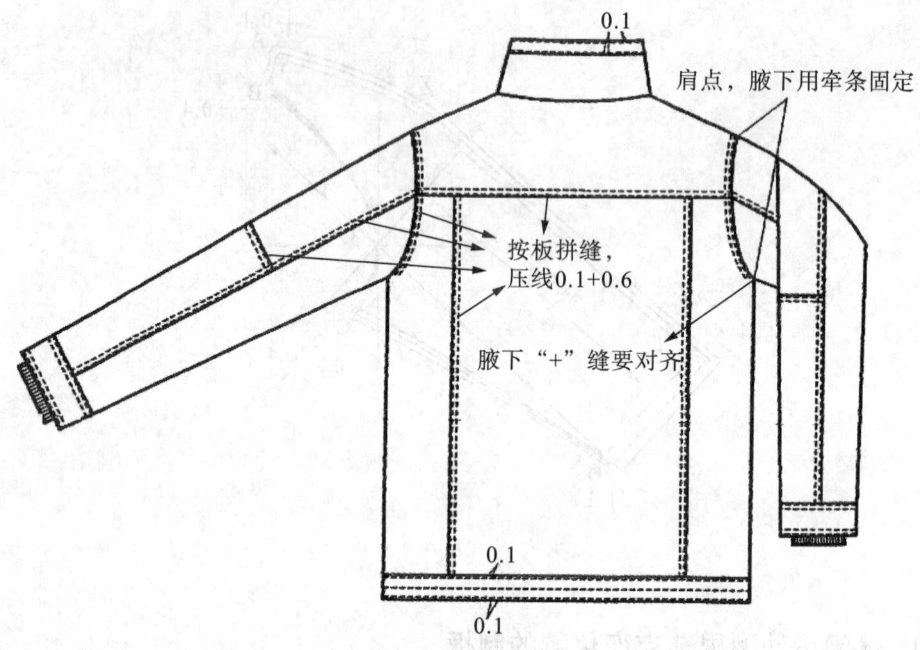

图 4-39　棉服休闲茄克

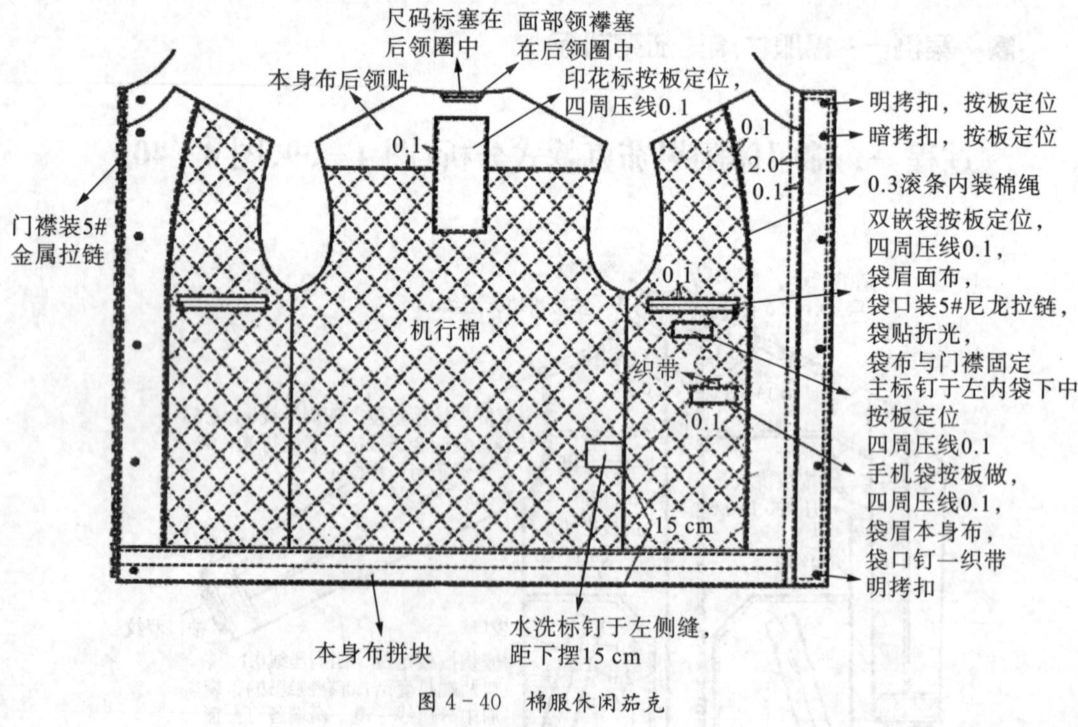

图 4-40　棉服休闲茄克

过程二：棉服休闲男茄克的规格设计

表 4－27　人体规格尺寸　　单位：cm

国家标准　　人体控制部位数据表								
部位	身高	颈椎点高	坐姿颈椎点高	全臂长	腰围高	胸围	颈围	总肩宽
数据								

根据国家服装号型标准中L码的标准为A型体，号为175 cm，型为92 cm。假设以上面料测试中所测得的缩率：经向为1.5%，纬向为1.0%，计算M号的相关部位制板规格如下：

表 4－28　制板规格表　　单位：cm

部位 规格	衣长 (L)	胸围 (B)	肩宽 (S)	袖长 (SL)	袖口	下摆宽\ 袖克夫宽	下摆
成衣规格(L)	76	124	51.5	60	30	5	120
打板规格(L)	77	126	52	61	30	5	122

过程三：棉服休闲男茄克结构制图

棉服在制图时，要根据穿着的层次和款式的特点。在作领口的时候，要比茄克单衫的横开领与直开领大，袖窿要比茄克单衫的袖窿深。

1. 前后片制图(图 4-41)

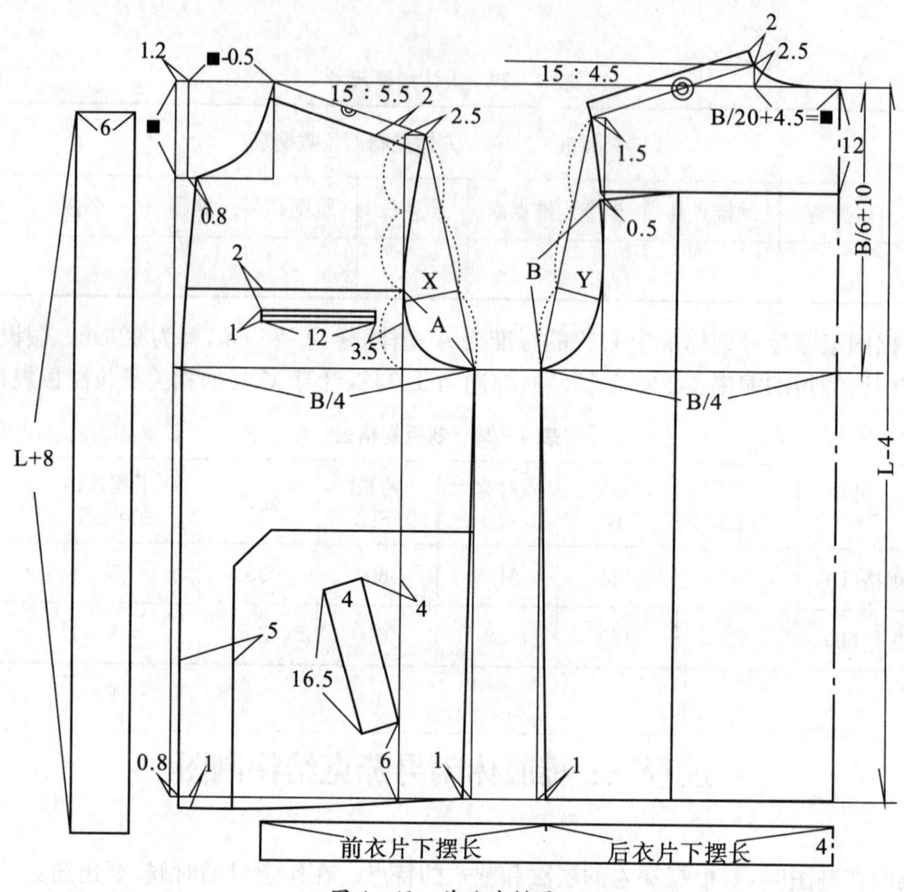

图 4-41 前后片制图

2. 领子制图(图 4-42)

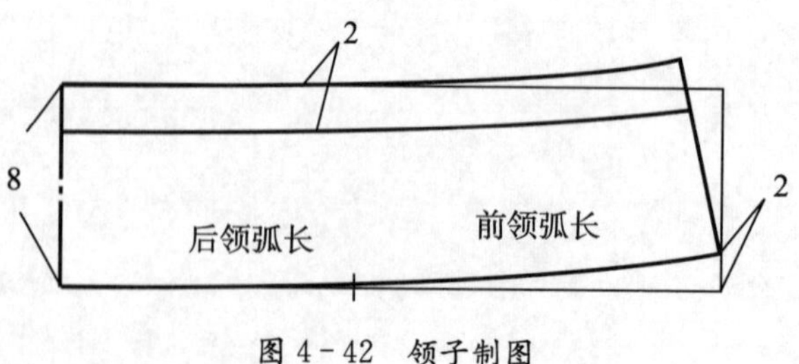

图 4-42 领子制图

3. 袖子与袖克夫制图(图 4－43)

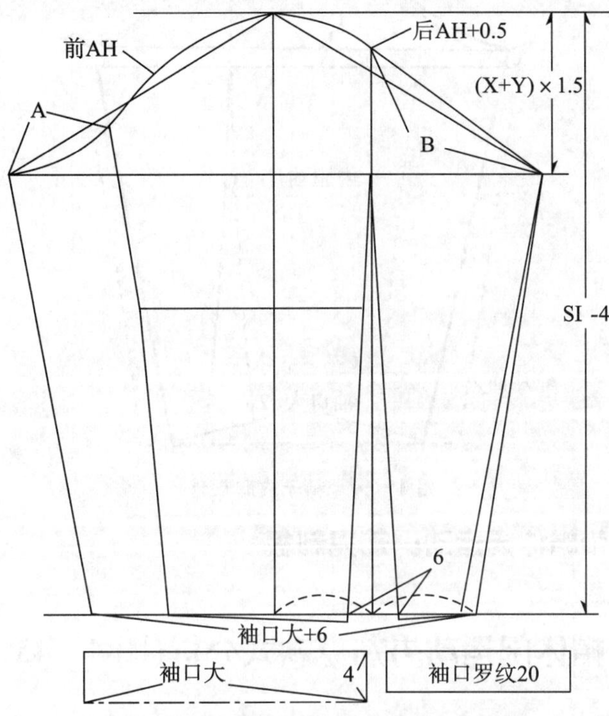

图 4－43　袖子与袖克夫制图

4. 内胆制图(图 4－44)

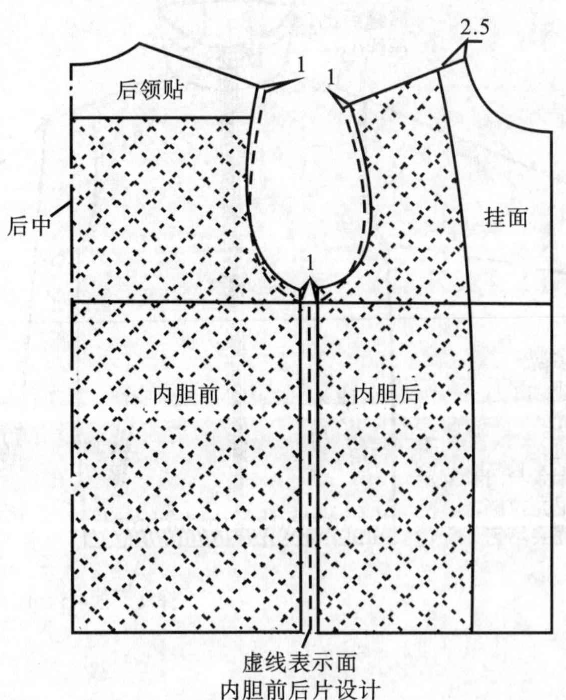

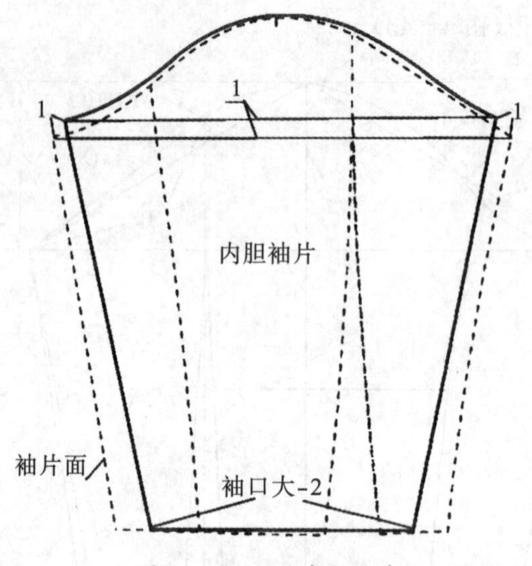

图 4－44　袖子内胆设计

■　案例二：带帽休闲运动男茄克制板

过程一：带帽休闲运动男茄克款式分析(图 4－45、图 4－46)

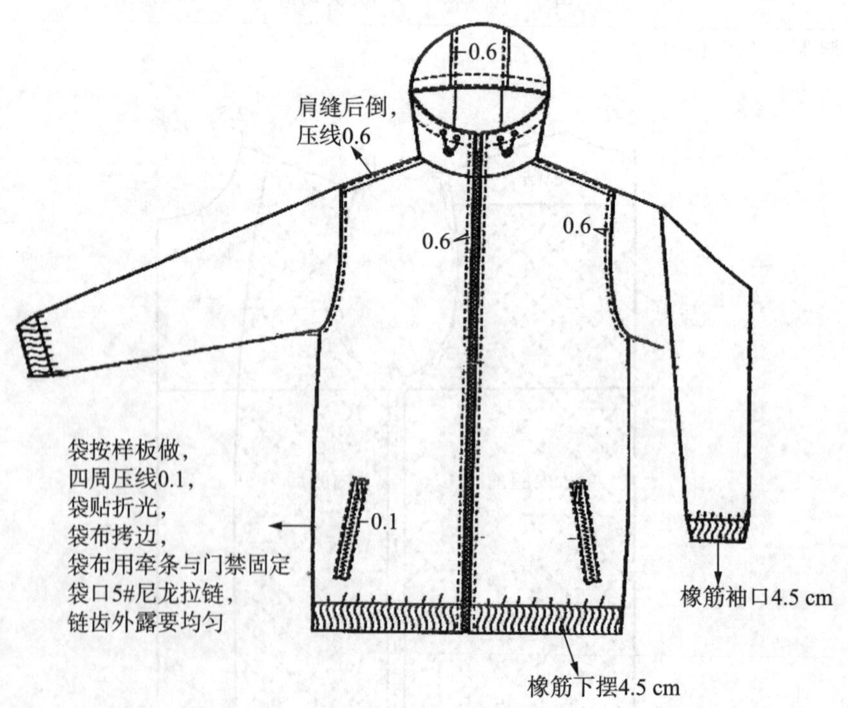

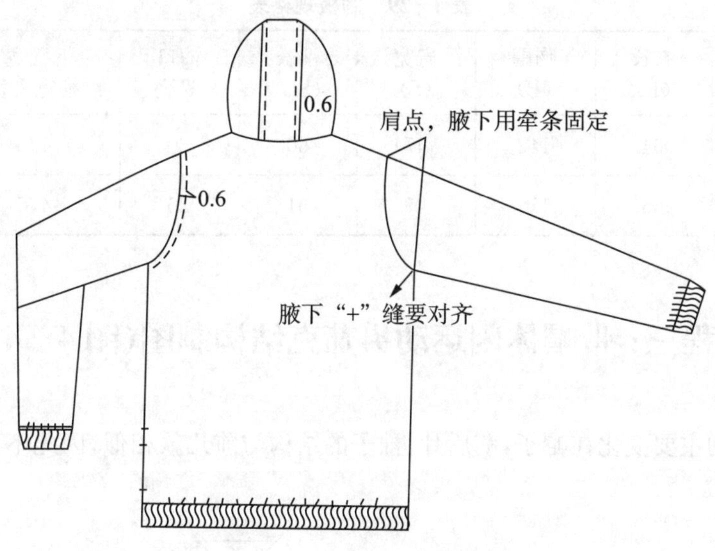

图 4-45　带帽休闲茄克

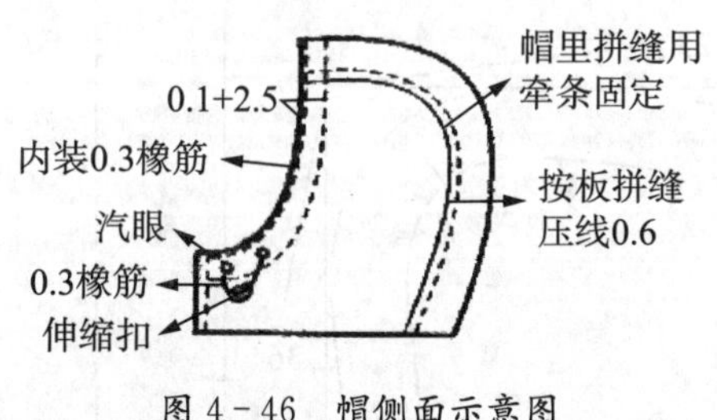

图 4-46　帽侧面示意图

过程二：带帽休闲运动男茄克的规格设计

表 4-28　人体规格尺寸　　单位：cm

国家标准 175/92A　人体控制部位数据表								
部位	身高	颈椎点高	坐姿颈椎点高	全臂长	腰围高	胸围	颈围	总肩宽
数据	175	149.0	68.5	57.0	105.5	92	37.8	44.8

根据国家服装号型标准中 L 码的标准为 A 型体，号为 175 cm，型为 92 cm。假设以上面料测试中所测得的缩率：经向为 1.5%，纬向为 1.0%，计算 M 号的相关部位制板规格如下：

表 4－29　制板规格表　　单位：cm

规格＼部位	衣长(L)	胸围(B)	肩宽(S)	袖长(SL)	袖口罗纹	下摆宽＼袖克夫宽	领围
成衣规格(L)	64	112	47	60	20	4.5	46
打板规格(L)	65	114	47	61	20	4.5	46

过程三：带帽休闲运动男茄克结构制图(图 4－47)

本款茄克的主要变化在帽子，前后片、袖子的结构与前几款相似，因此不再讲解，主要讲解帽子的结构。

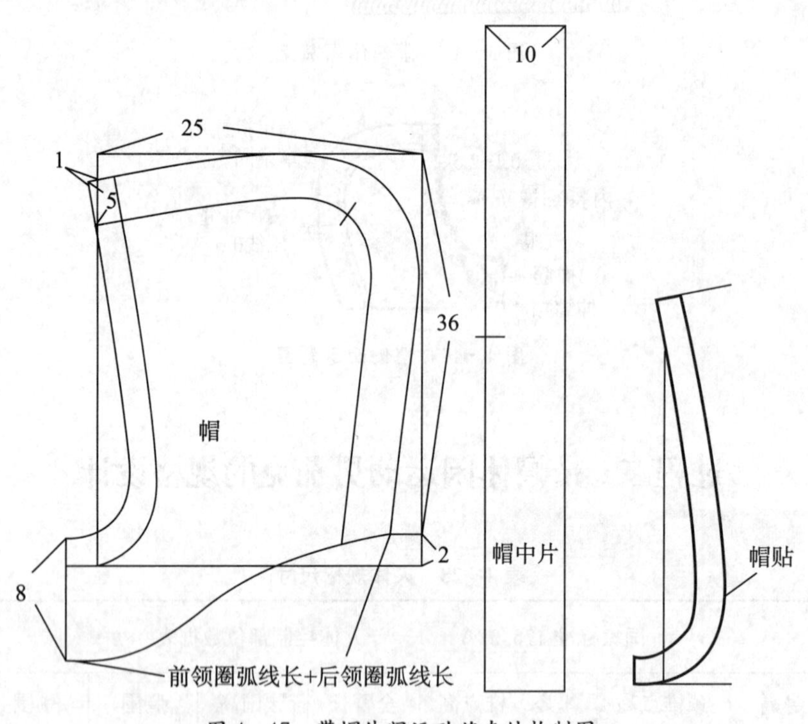

图 4－47　带帽休闲运动茄克结构制图

第三阶段 

工艺制作 

知识盘点

▶知识点一：服装生产专用名词、术语

在成衣生产过程中，有许多专业的名词、术语，以下列举一些主要名词、术语的含义，供参考。

（一）检查原辅料术语

1. 理化试验：测定原辅料的伸缩率、耐热度、色牢度等。
2. 复米：复查每匹原、辅料的长度。
3. 查污渍：检查原、辅料污渍。
4. 查疵点：检查原、辅料疵点。
5. 查纬斜：检查原料纬斜度。
6. 验色差：检查原、辅料色泽级差，按色泽归类。
7. 查衬布色泽：检查衬布色泽，按色泽归类。

（二）裁剪术语

1. 自然回缩：原辅料打开放松，自然通风收缩。
2. 画样：用样板或漏板，按不同规格在原料上画出衣片裁剪线条。
3. 复查画样：复查表层划片的数量和质量。
4. 排料：在裁剪过程中，对面料如何使用及用料的多少所进行的有计划的工艺操作。
5. 铺料：按划样要求铺料。
6. 验片：检查裁片质量。
7. 换片：调换不符合质量要求的裁片。
8. 分片：将裁片按序号或按部件的种类配齐。
9. 钻眼：用电钻在裁片上做出缝制标记。
10. 打粉印：用划粉在裁片上做出缝制标记，一般作为暂时标记。
11. 编号：将裁好的各种衣片按其床序、层序、规格等编印上相应的号码，同一件衣服上的号码应一致。
12. 配零料：配齐一件衣服的零部件材料。
13. 钉标签：将有顺序号的标签钉在衣片上。
14. 段耗：指坯布经过铺料后断料所产生的损耗。
15. 裁耗：铺料后坯布在划样开裁中所产生的损耗。
16. 成衣坯布制成率：制成衣服的坯布重量与投料重量之比。
17. 缝份：俗称缝头，指两层裁片缝合后被缝住的余份。
18. 打剪口：亦称打眼刀、剪切口，“打”即剪的意思。如在绱袖、绱领等工艺中，为了使

袖、领与衣片吻合准确，而在规定的裁片边缘部位剪 0.3 cm 深的小三角缺口作为定位标记。

19. 撇片：按标准样板修剪毛坯裁片。

（三）缝制操作技术用语

1. 针迹：指缝针刺穿缝料时，在缝料上形成的针眼。
2. 线迹：在缝制物上两个相邻针眼之间的缝线形式。
3. 缝型：指缝纫机合衣片的不同方法。
4. 缝迹密度：指在规定单位长度内的针迹数，也可叫做针迹密度。一般单位长度为 2 cm或 3 cm。
5. 包缝：亦称锁边、拷边、码边，指用包缝线迹将裁片毛边包光，使织物纱线不脱散。
6. 缲袖衩：将袖衩边与袖口贴边缲牢固定。
7. 刷花：在裁剪绣花部位上印刷花印。
8. 打线丁：用白棉纱线在裁片上做出缝制标记。一般用于毛、呢类服装上的缝制标志。
9. 缉省缝：将省缝折合用机器缉缝。
10. 缉衬：机缉前衣身衬布。
11. 烫衬：熨烫缉好的胸衬，使之形成人体胸部形态，与经推门后的前衣片相吻合。
12. 敷衬：将前衣片敷在胸衬上，使衣片与衬布贴合一致，且衣片布纹处于平衡状态。
13. 纳驳头：亦称扎驳头，用手工或机器扎。
14. 包底领：底领四边包光后机缉。
15. 绱领子：将领子装在领窝处。
16. 分熨绱领缝：将绱领缉缝分开，熨烫后修剪。
17. 分熨领串口：将领串口缉缝分开熨烫。
18. 叠领串口：将领串口缝与绱领缝扎牢，注意使串口缝保持齐、直。
19. 包领面：将西装、大衣领面外口包转，用三角针将领里绷牢。
20. 归拔偏袖：偏袖部位归拔熨烫成人体手臂的弯曲形态。
21. 敷止口牵条：将牵条布敷在止口部位。
22. 敷驳口牵条：将牵条布敷在驳口部位。
23. 缉袋嵌线：将嵌线料缉在开袋口线两侧。
24. 开袋口：将已缉嵌线的袋口中间部分剪开。
25. 封袋口：袋口两头机缉倒回针封口。也可用套结机进行封结。
26. 敷挂面：将挂面敷在前衣片止口部位。
27. 合止口：将衣片和挂面在门襟止口处机缉缝合。
28. 合背缝：将背缝机缉缝合。
29. 归拔后背：将平面的后衣片，按体形归烫成立体衣片。
30. 敷袖窿牵条：将牵条布缝在后衣片的袖窿部位。
31. 敷背衣衩牵条：将牵条布缝在后衣衩的边缘部位。
32. 封背衣衩：将背衣衩上端封结。一般有明封与暗封两种方法。
33. 扣烫底边：将底边折光或折转熨烫。

34. 扎底边：将底边扣烫后扎一道临时固定线。
35. 倒钩袖窿：沿袖窿用倒钩针法缝扎，使袖窿牢固。
36. 叠肩缝：将肩缝头与衬布扎牢。
37. 做垫肩：用布和棉花、中空纤维等做成衣服垫肩。
38. 装垫肩：将垫肩装在袖窿肩头部位。
39. 合领衬：在领衬拼缝处机缉缝合。
40. 拼领里：在领里拼缝处机缉缝合。
41. 归拔领里：将敷上衬布的领里归拔熨烫成符合人体颈部的形态。
42. 归拔领面：将领面归拔熨烫成符合人体颈部的形态。
43. 敷领面：将领面敷上领里，使领面、领里吻全一致，领角处的领面要宽松些。
44. 收袖山：抽缩袖山上的松度或缝吃头。
45. 滚袖窿：用滚条将袖窿毛边包光，增加袖窿的牢度和挺度。
46. 扎暗门襟：暗门襟扣眼之间用暗针缝牢。
47. 画眼位：按衣服长度和造型要求划准扣眼位置。
48. 滚扣眼：用滚扣眼的布料把扣眼毛边包光。
49. 锁扣眼：将扣眼毛边用线锁光，分机锁和手工锁眼。
50. 滚挂面：将挂面里口毛边用滚条包光，滚边宽度一般为 0.4 cm 左右。
51. 做袋片：将袋片毛边扣转，缲上里布做光。
52. 翻小襟：小襟的面、里布缝合后将下面翻出。
53. 绱袖襻：将袖襻装在袖口上规定的部位。
54. 坐烫里子缝：将里布缉缝坐倒熨烫。
55. 缲袖窿：将袖窿里布固定于袖窿上，然后将袖子里布固定于袖窿里布上。
56. 缲底边：底边与大身缲牢。有明缲与暗缲两种方法。
57. 热缩领面：将领面进行防缩熨烫。
58. 夹翻领：将翻领夹进领底面、里布内机缉缝合。
59. 镶边：用镶边料按一定宽度和形状缝合安装在衣片边沿上。
60. 镶嵌线：用嵌线料镶在衣片上。
61. 缉明线：机缉或手工缉缝于服装表面的线迹。
62. 绱袖衣衩条：将袖衣衩条装在袖片衩位上。
63. 封袖衣衩：在袖衣衩上端的里侧机缉封牢。
64. 绱拉链：将拉链装在门、里襟及侧缝等部位。
65. 绱松紧带：将松紧带装在袖口底边等部位。
66. 点钮位：用铅笔或划粉点准钮扣位置。
67. 钉钮扣：将钮扣钉在纽位上。
68. 打套结：开衣衩口用手工或机器打套结。
69. 翻门襻：门襻缉好将正面翻出。
70. 包缝：用包缝线迹将布边固定，使纱线不易脱散。
71. 手针工艺：就是用手针缝合衣料的各种工艺形式。

72. 装饰手针工艺：兼有功能性和艺术性，并以艺术性为主的手针工艺。

73. 吃势：亦称层势，“吃”指缝合时使衣片缩短；吃势指缩短的程度。

74. 里外匀：亦称里外容，指由于部件或部位的外层松、里层紧面形成的窝形态。其缝制加工的过程称为里外匀工艺，如勾缝袋盖、驳头、领子等，都需要采用里外匀工艺。

75. 修剪止口：指将缝合后的止口缝份剪窄，有修双边和修单边两种方法。其中修单边亦称为修阶梯状，即两缝份宽窄不一致，一般宽的为 0.7 cm、窄的为 0.4 cm，质地疏松的布料可同时再增加 0.2 cm 左右。

76. 止口反吐：指将两面层裁片缝合并翻出后，里层止口超出面层止口。

77. 起壳：指面料与衬料不贴合，即里外层不相融。

78. 套结：亦称封结，指在袋口或各种开衩、开口处用回针的方法进行加固，有平缝机封结、手工封结及用机封结等。

79. 起吊：指成品上衣面、里不符，里子偏短引起的衣面上吊、不平服。

80. 胖势：亦称凸势，指服装该凸出的部位胖出，使之圆顺、饱满。如上衣胸部、裤子的臀部等，都需要有适当的胖势。

81. 胁势：也有称吸势、凹势的，指服装该凹进的部位吸进。如西服上衣腰围处、裤子后裆以下的大腿根处等，都需要有适当的胁势。

82. 翘势：主要指小肩宽外端略向上翘。

83. 窝势：多指部件或部位由于采用里外匀工艺，呈正面略凸、反面凹进的形态。与之相反的形态称反翘，是缝制工艺中的弊病。

（四）服装熨烫中常用的术语

1. 回势：亦称还势，指被拔开部位的边缘处呈现出荷叶边形状。

2. 归：归是归拢之意，指将长度缩短的工艺，一般有归缝和归烫两种方法。裁片被烫的部位，靠近边缘处出现弧形缕，被称为余势。

3. 拔：拔是拔长、拔开之意，指将平面拉长或拉宽。如后背肩胛处的拔长、裤子的拔裆、臀部的拔宽等，都采用拔烫的方法。

4. 推：推是归或拔的继续，指将裁片归的余势、拔的回势推向与人体相对应凸起或凹进的位置。

5. 极光：熨烫裁片或成衣时，由于垫布太硬或无垫布盖烫而产生的亮光。

6. 水花印：指盖水布熨烫不匀或喷水不匀，出现水渍。

7. 塑形：指将裁片加工成所需要的形态。

8. 定型：指使裁片或成衣形态具有一定稳定性的工艺过程。

9. 起烫：指消除极光的一种熨烫技法。需在有极光处盖水布，用高温熨斗快速轻轻熨烫，趁水分未干时揭去水布使其自然晾干。

10. 推门：将平面前衣片推烫成立体形态衣片。

11. 大烫：对成衣进行整烫定型。借助工具或机械，运用熨烫技术，对成衣进行最后整形，达到适体、美观、挺括、平整。

12. 小烫：在缝制过程中，对半成品进行“小烫”，即一边缝制，一边熨烫，为获得优良的成衣质量打好基础。

▶知识点二：缝制工艺基本知识

（一）缝针、缝线和线迹密度的选配知识

在缝制过程中必不可少的重要工具就是缝针，而缝针又分手缝针与车工机针，手缝针按长短粗细有15个号型；平缝机针的粗细为9～18号之间。缝纫时，车工机针一般可根据缝料的厚薄、软硬及质地，按表5-1选择适当的机针和缝线，手缝针可根据加工工艺的需要和缝制材料的不同，选用不同号型的针，见表5-2。

线迹密度除和缝针类型、缝针大小、缝料、缝线、缝纫项目有关系外还与服装款式有关系。

表5-1　平缝机针与缝线关系表

针　号	缝线号(tex,公支)	适　合　缝　料
9#	12.5～10,80～100	薄纱布、薄绸、细麻纱等轻薄型面料
11#	16.67～12.5,60～80	薄化纤、薄棉布、绸缎、府绸等薄型面料
14#	20～16.67,50～60	粗布、卡其布、薄呢等中厚型面料
16#	33.67～20,30～50	粗厚棉布、薄绒布、灯芯绒等较厚型面料
18#	50～25,20～40	厚绒布、薄帆布、大衣呢等厚重型面料

表5-2　手针号码与缝线粗细关系

针　号	1	2	3	4	5	6	7	8	9	10	11	长7	长9
直径(mm)	0	0.86	0.78	0.78	0.71	0.71	0.61	0.61	0.56	0.56	0.48	0.61	0.56
长度(mm)	44.5	38	35	33.5	32	30.5	29	27	25	25	22	32	30.5
线的粗细	粗线			中粗线				细线		绣线			
用途	厚线			中厚料				一般料		轻薄料			

（二）缝纫线迹与缝型基础知识

无论何种服装产品，其组成部件均是由缝纫线所形成的各种线迹缝合在一起的，线迹是构成服装重要因素之一。目前线迹不仅缝合衣片所必须，还具有装饰、加固等作用。

1. 缝纫线迹的种类

线迹是由一根或一根以上的缝线采用自链、互链、交织等方式在缝料表面或穿过缝料所形成的一个单元。

国际标准化组织ISO于1979年10月拟定了线迹类型标准(ISO 4915-81)《纺织品—线迹的分类和术语》,将服装加工中较常使用的线迹分为6大类、共计88种不同类型。我国亦于1984年制定了线迹类型的国家标准(GB 4515-84),等同于ISO 4915-81。

(1) 100类——链式线迹：由一根或一根以上针线自链形成的线迹。其特征是一根缝线的线环穿入缝料后,依次同一个或几个线环自链。编号为101～105、107、108,共7种。

(2) 200类——仿手工线迹：起源于手工缝纫的线迹。其特征是由一根缝线穿过缝料,把缝料固定住。编号为201、202、204～206、209、211、213～215、217、219、220,共13种。

(3) 300类——锁式线迹：一组(一根或数根)缝线的线环,穿入缝料后,与另一组(一根或数根)缝线交织而形成的线迹。编号为301～327,共27种。

(4) 400类——多线锁式线迹：一组(一根或数根)缝线的线环,穿入缝料后,与另一组(一根或数根)缝线互链形成的线迹。编号为401～417,共17种。

(5) 500类——包边链式线迹：一组(一根或数根)或一组以上缝线以自链或互链方式形成的线迹,至少一组缝线的线环包绕缝料边缘,一组缝线的线环穿入缝料以后,与一组或一组以上缝线的线环互链。编号为501～514、521,共15种。

(6) 600类——覆盖链式线迹：由两组以上缝线互链,并且其中两组缝线将缝料上、下覆盖的线迹。第一组缝线的线环穿入固定于缝料表面的第三组缝线的线环后,在穿入缝料与第二组缝线的线环在缝料底面互链。但601号线迹例外,它只用两组缝线。第三组缝线的功能,是由第一组缝线中的一根缝线来完成。编号为601～609,共9种。

2. 常用线迹的结构及用途

(1) 锁式线迹

锁式线迹结构以及用途可以分为3种：直线形锁式线迹(301号)、曲折形锁式线迹(304号)、暗线迹(306号)。

(2) 链式线迹可以分为5种：单线链式线迹、双线链式线迹、绷缝线迹、覆盖线迹和包缝线迹。

表5-3 缝型名称及缝型构成示意表

线迹类型	线型名称、代号及线迹代号 (ISO 4916/ISO 4915)		缝型符号
包缝线	1	三线包缝合缝(1.01.01/504或505)	
	2	四线包缝合缝(1.01.03/07或514)	
	3	五线包缝合缝(1.01.03/401+504)	
	4	四线包缝合肩(加肩条)(1.23.03/512或514)	
	5	三线包缝合肩(1.01.03/07或514)	

（续表）

线迹类型	线型名称、代号及线迹代号 (ISO 4916/ISO 4915)		缝型符号
锁缝类	1	合缝(1.01.01/301)	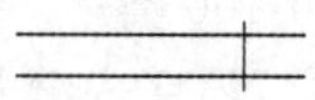
	2	来去缝(1.01.03/301)	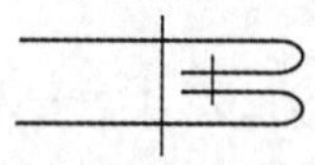
	3	育克缝(2.02.03/301)	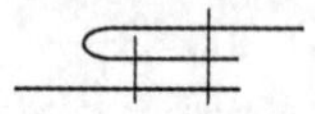
	4	滚边(小带)(3.01.01/301)	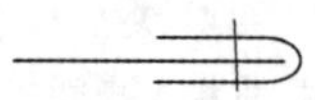
	5	装拉链(4.07.02/301)	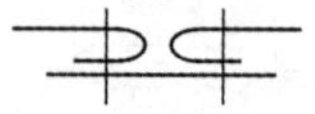
	6	钉口袋(5.31.02/301)	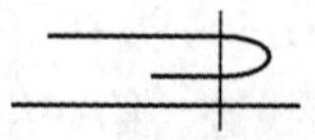
	7	折边(1.01.01/301)	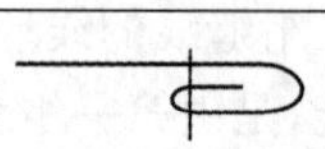
	8	绣花(6.01.01/304)	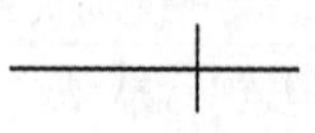
	9	缲边(毛边)(6.03.03/313 或 320)	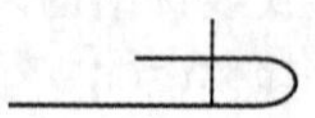
	10	缲边(光边)(6.03.03/313 或 320)	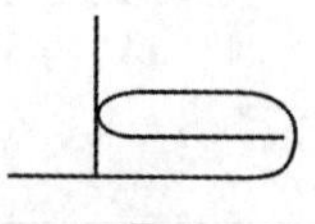
	11	缝扁松紧带腰(7.26.01/301 或 304)	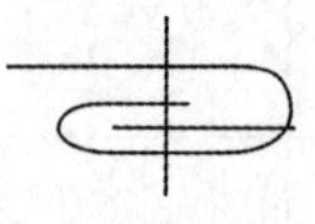
	12	缝圆松紧带腰(7.26.01/301 或 304)	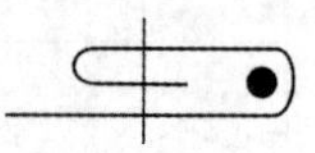
	13	钉商标(7.02.01/301)	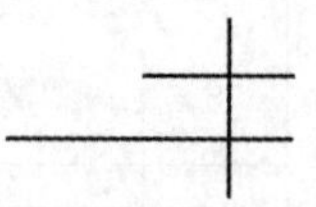
	14	缝带衬布裤腰(7.37.01/301＋301)	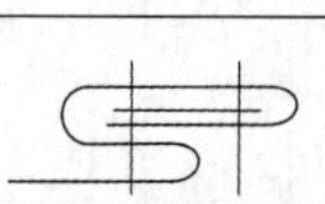

(续表)

线迹类型	线型名称、代号及线迹代号 (ISO 4916/ISO 4915)		缝型符号
绷缝类	1	滚边(3.03.01/602 或 605)	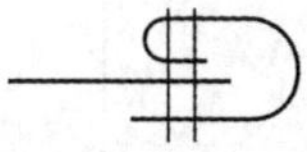
	2	双针绷缝(4.04.01/406)	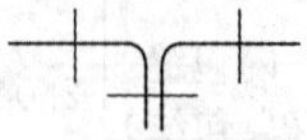
	3	打裥(运动裤前中线)(5.01.03/406)	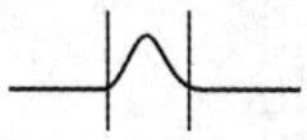
	4	折边(腰边)(6.02.01/4.6 或 407)	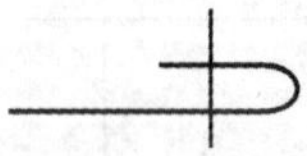
	5	松紧带腰(7.15.02/406)	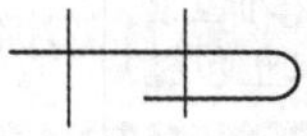
	6	缝裤带环(8.02.01/406)	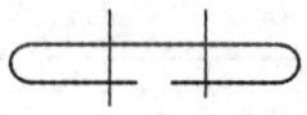
链缝类	1	单线缉边合缝(1.01.01/101)	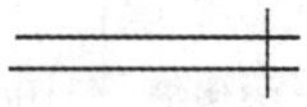
	2	双链缝合缝(1.01.01/401)	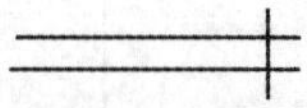
	3	双针双链缝双包边(2.04.04/401+404)	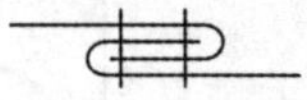
	4	双针双链缝犬牙边(3.03.08/401+404)	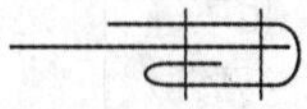
	5	滚边(滚实)(3.05.03/401)	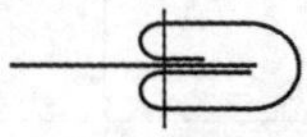
	6	滚边(滚虚)(3.05.01/401)	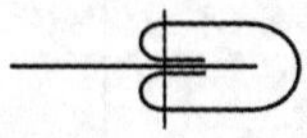
	7	双链缝缲边(6.03.03/4.9)	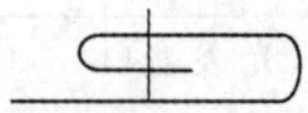
	8	单链缝缲边(6.03.03/105 或 103)	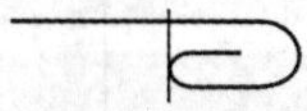
	9	锁眼(双线链式)(6.05.01/404)	
	10	双针四线链缝松紧腰(7.25.01/401)	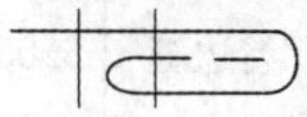
	11	四针八线链缝松紧腰(7.75.01/401)	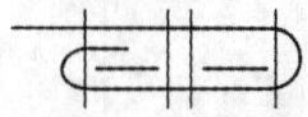

表 5-4　缝型训练示意表

单位：cm

线迹类型	缝型标准名称	缝型代号	缝型标准符号	缝型操作方法	缝型用途及操作注意事项
折边缝类	内包缝（反包缝）	2.04.06/301	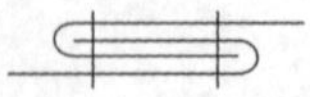	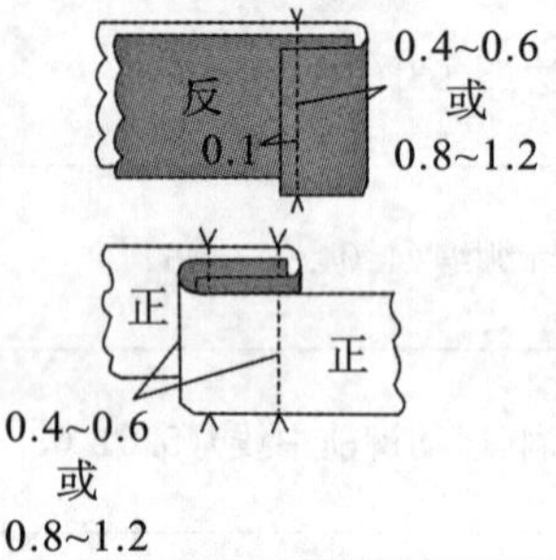 反 0.1 0.4~0.6 或 0.8~1.2；正 正 0.4~0.6 或 0.8~1.2	常用于肩缝、侧缝、袖缝等部位。制作时要求第一道缉线顺直。宽窄一致，第二道缉线亦同，不能漏缉。缝份折边，缉第二线是布料放平，防止拧绞或布面不平。止口整齐、美观。
	外包缝（正包缝）	2.04.05/301	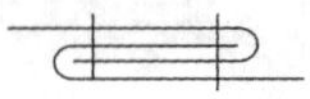	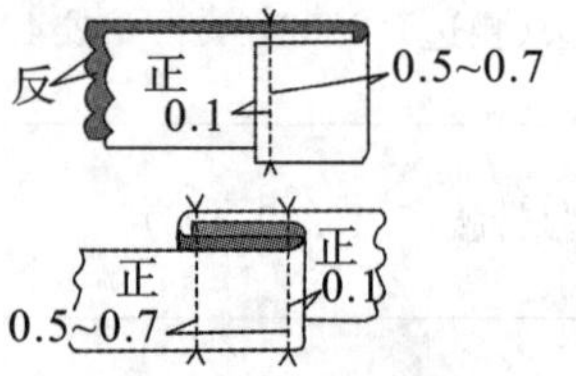 反 正 0.1 0.5~0.7；正 正 0.1 0.5~0.7	常用于西裤、茄克衫等服装中，制作要求同内包缝（注意观察内外包缝的区别）。
	滚包缝	1.08.01/301	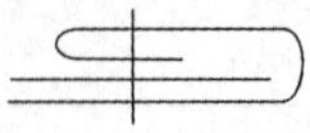	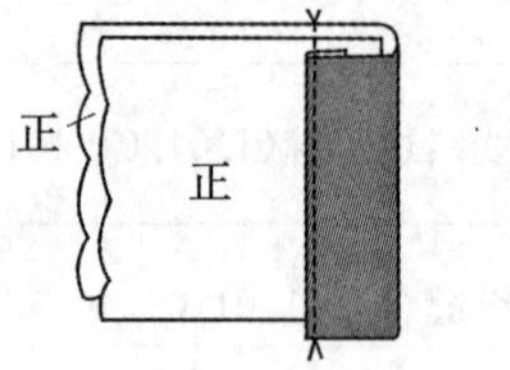 正 正	适宜于薄料服装，既要省工，又省钱。制作时要求包卷折边平服，无绞皱，宽窄一致，线迹顺直，止口均匀，无毛边。
	扣压缝（克缝）	5.31.02	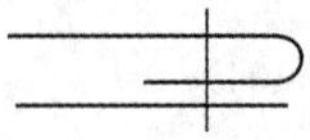	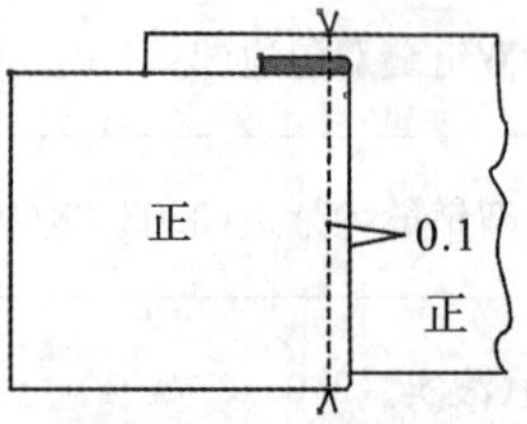 正 0.1 正	常用于男裤的侧缝、衬衫的过肩、贴袋等部位。操作时，要求针迹整齐，止口均匀，平行美观，位置准确；裁片折边平服，无毛边。
折边缝类	闷缉缝（光滚边）	3.05.01/301	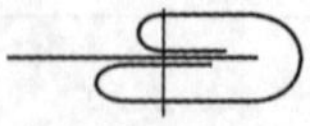	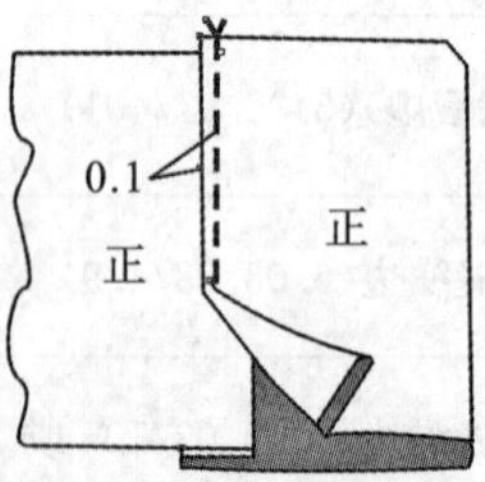 0.1 正 正	常用于缝制裙、裤的腰或克夫等需一次成型的部位，注意车缝时边车缝边用镊子略推上层缝料，保持上下层松紧一致，最好用针压同步缝机缝缉。
	卷边缝	6.03.01/301	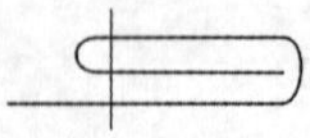	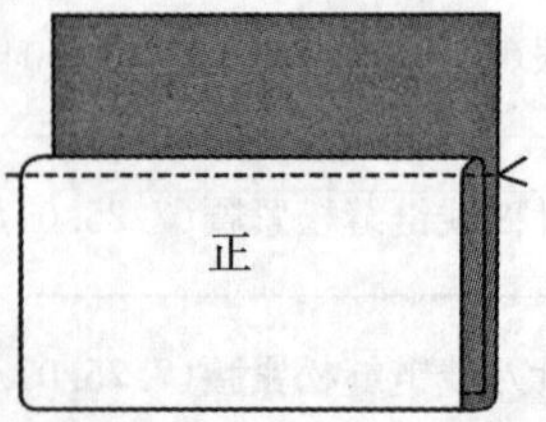 正	多用于轻薄透明衣料或不加里子服装的下摆，操作时要求扣折的衣边平服，宽度一致，无拧绞现象；线迹顺直，止口整齐，无毛边，最好用针压同步缝机缉缝。

(续表)

线迹类型	缝型标准名称	缝型代号	缝型标准符号	缝型操作方法	缝型用途及操作注意事项
搭缝类	平缝（合缝、勾缝）	1.01.01/301	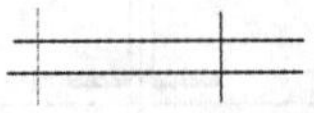	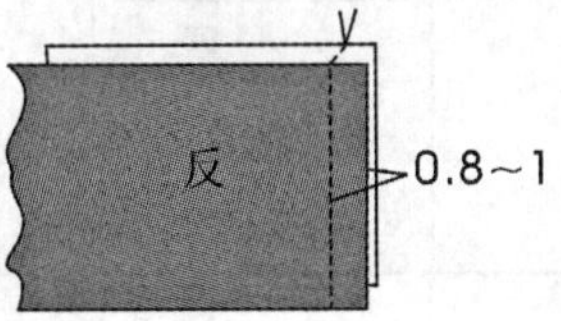 反 0.8～1	广泛应用于上衣的肩缝、侧缝，袖子的内外缝等部位。并注意在开始和结束时打回针，以防脱散。操作时下层衣片因由送牙直接送走得较快，上层衣片有压脚的阻力且为间接扒送，所以走得较慢，易产生上层松、下层紧的现象。为保持上、下层的缝合平齐，缝合时，可稍拉下层，稍推上层（有特殊工艺要求的除外）。
	分压缝（劈压缝）	2.02.03/301	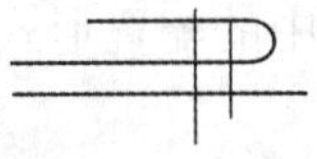	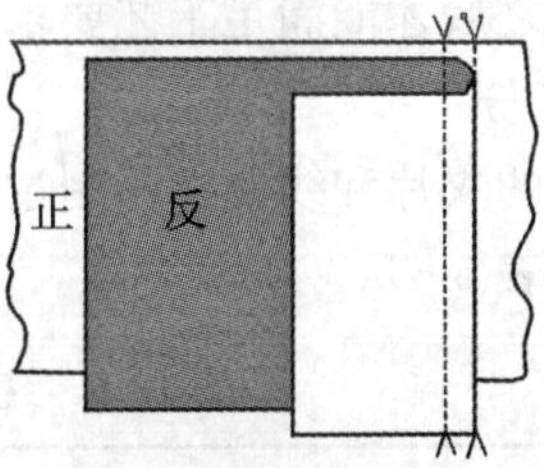 正 反	多应用于薄料的裤子裆缝、后缝等处，起固定缝口、增强牢度的作用。制作时要求缝份处平服、无皱缩现象，止口宽窄均匀，布料反面缝迹与原平缝线迹基本重合。
平搭折边组合缝类	来去缝	1.06.03/301	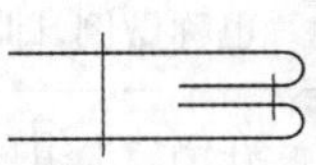	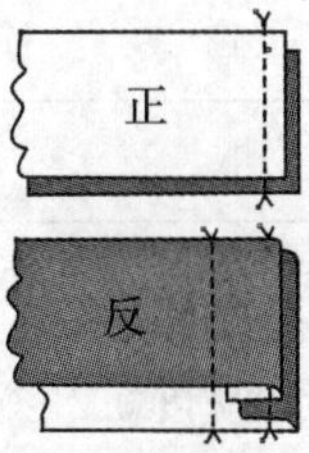 正 反	常用于薄料女衬衫、童装的摆缝、袖缝等处的缝合。制作时要求第一道缉线缝份要小于第二道缉线（去缝）缝份。来缝毛边要修齐，缝份不能过小，以免影响牢度，去缝缝份整齐均匀，无绞皱。
	骑缝（闷缝、咬缝）	3.14.01/301	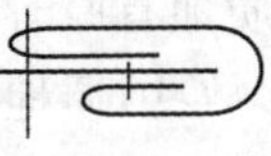	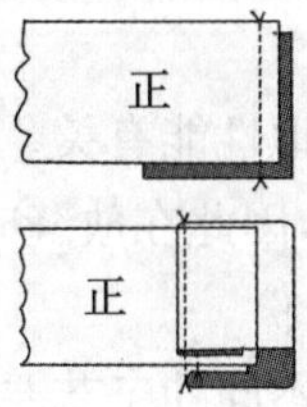 正 正	常用于绱领、绱袖头、绱裤腰等。操作时，正面止口要尽量推送上层，以保持上、下层平齐，防止出现拧绞现象。线迹要顺直，第二道线刚好盖住第一道线，折边口不能看见第一道线迹及缝份。缉缝第二道线时，用于辅助拤平输送，使折边均匀、平服、无绞皱。

（续表）

线迹类型	缝型标准名称	缝型代号	缝型标准符号	缝型操作方法	缝型用途及操作注意事项
平搭折边组合缝类	漏落缝（灌缝）	4.07.03/301		反 正 正	常用于固定挖袋嵌线。制作时，要求沿边缉缝第二道线时，须将两边扒开，既不能缉住折边，也不能离开折边，应紧靠折边。

（三）工艺中放缝与贴边的处理

缝份又称为缝头与做缝，是指缝合衣片所需的必要宽度。折边是指服装边缘部位如门襟、底边、袖口、裤口等的翻折量。由于结构制图中的线条大多是净缝，所以只有将结构制图加放一定的缝份或折边之后才能满足工艺要求。缝份及折边加放量需考虑下列因素。

1. 根据缝型加放缝份

线型是指一定数量的衣片和线迹在缝制过程中的配置形式。缝型不同对缝份的要求也不相同。缝份加放量见表 5－5。

表 5－5 缝份加放量 单位：cm

缝 型	参考放量	说 明
分 缝	1	也称劈缝，即将两边缝份分开烫平
倒 缝	1	也称做倒，即将两边缝份向一边扣倒
明线倒缝	缝份大于明线宽度 0.2～0.5	在倒缝上缉单明线或双明线
包 缝	缝份大于明线宽度 0.2～0.5	也称裹缝，分“暗包明缉”和“明包暗缉”
弯绱缝	0.6～0.8	相缝合的一边或两边为弧线
搭 缝	0.8～1	一边搭在另一边的缝合

2. 根据面料加放缝份

样板的缝份与面料的质地性能有关。面料的质地有厚有薄、有松有紧，而质地疏松的面料在裁剪和缝纫时容易脱散，因此在放缝时应略多放些，质地紧密的面料则按常规处理。

3. 根据工艺要求加放缝份

样板缝份的加放应根据不同的工艺要求灵活掌握。有些特殊部位即使是同一条缝边其缝份也不相同。例如，后裤片后裆缝的腰口处放 2～2.5 cm，臀围处放 1 cm；普通上衣袖窿弧部位多放 0.7～0.9 cm 的缝份；装拉链部位应比一般部位缝头稍宽，以便于缝制；上衣的背缝、裙子的后缝应比一般缝份稍宽，一般为 1.5～2 cm。

4. 规则型折边的处理

规则型折边一般与衣片连接在一起，可以在净线的基础上直接向外加放相应的折边量。由于服装的款式和工艺要求不同，折边量的大小也不相同。凡是直线或接近于直线的折边，加放量可以适当放大一些，而弧线形折边的宽度要适量减少，以免扣倒折边后出现不平服现象。有关折边加放量见表 5-6。

表 5-6　折边加放量　单位：cm

部位	各类服装折边参考加放量
底摆	男女上衣：衣呢类 4，一般上衣 3～3.5，衬衣 2～2.5，一般大衣 5，内挂毛皮衣 6～7
袖口	一般同底摆
裤口	一般 4，高档产品 5，短裤 3
裙摆	一般 3，高档产品稍加宽，弧度较大的裙摆折边取 2
口袋	暗挖袋已在制图中确定。明贴袋大衣无盖式 3.5，有盖式 1.5，小盖无袋式 2.5，有盖式 1.5，借缝袋 1.5～2
开衩	又称开气，一般取 1.7～2

5. 不规则贴边的处理

不规则贴边是指折边的形状变化幅度比较大，不能直接在衣片上加放，在这种情况下，可采用贴边（镶折边）的工艺方法，即按照衣片的净线形状绘制折边，再与衣片缝合在一起。这种宽度以能够容纳弧线（或折线）的最大起伏量为原则，一般取 3～5 cm。

▶知识点三：熨烫工艺

（一）熨烫工艺流程

20 世纪 80 年代，随着我国改革开放的不断深化，出口服装创汇连年上升，但同时也暴露出国内服装生产力、技术和质量管理等方面与之同步发展的问题。其中，除款式和造型等技术问题外，缝制、整烫、线头、污渍等服装质量问题，不仅影响了服装档次的提高，也造成国外客户对国内产品存在一定程度的不信任。

在这种情况下，国内服装企业开始在裁剪和缝制加工方面下工夫，使服装缝制质量有了较大的改善，但在服装外观上，仍存在难以克服的整烫不良、线头、污渍、面料疵点过多等“四害”。因此，服装烫整工艺被日益重视起来。

服装整烫工艺流程如图 5-1 所示，其中锁钉工序的位置视各企业的传统与习惯而有所区别，有些服装企业将其放在缝制流水线中。

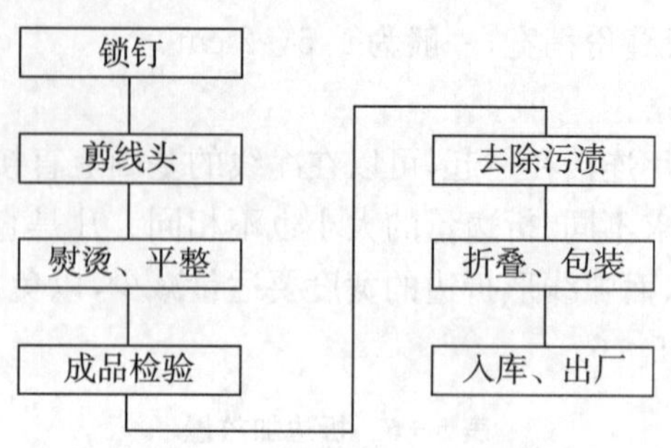

图 5-1　服装烫整工艺流程

（二）熨烫的作用以及分类

在服装加工过程中，除对衣片各部件进行缝合外，为使服装成品的缝口平挺、造型丰满、富有立体感，需对服装进行大量的熨烫加工，以使最终产品符合人体形态、美观实用。

1. 熨烫的作用

在服装加工过程中，对服装进行熨烫的主要作用是：

（1）整理面料。通过熨烫使面料得到预缩，并去掉皱痕，保持面料的平整。

（2）塑造服装的立体造型。利用纺织纤维的可塑性，改变其伸缩度及织物的经纬度和方向，使服装的造型更适合人体的体型和活动的要求，达到外形美观、穿着舒适的目的。

（3）整理服装。使服装外观平挺，缝口、褶裥等处平整、无皱裥、线条顺直。

2. 整烫的分类

服装的整烫工程分产前整烫、中间整烫及成品整烫三类。对于高级成衣生产，中间熨烫是成衣生产整烫工程的核心，用工用时最多，中间整烫严格按照工艺要求完成，由于前道整烫质量得到保证，成衣整烫就变得容易快速，而且整体效果更好。

（1）产前整烫：主要针对裁片进行预缩，防止中间整烫时由于加热加湿而使衣片产生变形现象，影响成衣的尺寸规格。

（2）中间整烫：目的不仅是烫平布面和缝份，重要的是通过中间整烫使成衣更符合人体的曲线变化，弥补缝制工艺无法达到的立体效果。只有当缝制与整烫环环相扣，配合良好才能确保成衣的立体感和尺寸的稳定性。

（3）成衣整烫：对于日本高级成衣生产技术，这道工序不像我国许多成衣生产企业那样费时费力，所起的作用也有些不同。原因是已经有了较好的中间整烫基础，所以耗费的工时少、作用大，往往起到事半功倍的效果。这时只须把主要的精力放在服装外部的立体造型，就好像人的面部化妆最后涂口红一样，起着画龙点睛的作用。一位日本生产管理人员道出了整烫技术的真谛："有必要把成衣效果看成是一个'妙龄少女'，需要轻轻地呵护她、重视她。"最后呈现在人们面前的是一件"鲜活"的服装，改变了传统整烫只是烫平折皱、烫倒缝份的错误观念。

3. 材料与整烫

（1）纯棉织物：棉织物的性能比较稳定，直接加温到100℃时，纤维本身不起变化，熨烫温度可选为150～160℃。由于棉织物吸湿性好，有时可以不加湿。但要注意掌握力度，特别是深色或黑色的面料，不能用力过猛，有时还须让熨斗离开布面不要直接压在布面上。以免引起极光或印痕。

(2) 纯毛织物：毛织物的吸湿性好、保温性好，富于弹性，但导热性较差，一般要加湿熨烫，而且熨烫的时间要长些。纯毛织物的熨烫温度可选为150～170℃。但对于高级女装，更须小心谨慎，如遇羊绒织物，则不能让熨斗直接接触布面，须离开布面0.3～0.5 cm。以免烫到织物的绒毛，影响成衣美观。

(3) 涤纶织物：这类织物吸湿性较差，不易变形，所以温度可选为150～170℃，加湿熨烫，延续时间不宜过长。

(4) 腈纶织物：这类织物的耐热性能较涤纶差，熨烫温度可为140～150℃，延续时间不宜过长。

(5) 黏胶纤维织物：这类织物与棉织物相似，因此熨烫温度选为150～160℃。由于黏胶纤维在湿态下会膨化、缩短和变硬，同时强度也会大幅度下降，因此熨烫时应尽量避免浇湿，以免织物出现皱纹、不干等现象。

(6) 混纺织物：应按耐热性最差的纤维选择熨烫的温度。

4. 辅助烫具

不管是中间整烫还是成衣整烫，常需根据产品的特点自行配制各种专用熨烫工具，可使整烫产生意想不到的效果。这里需要特别强调的是生产中常用的一块海绵垫，有时称它为"万能垫"。正是因为使用了这块海绵垫，可使整烫避免出现极光、烫痕、水迹、面料走色及烫焦等不良现象。海绵垫的规格一般为25 cm×35 cm左右，所用海绵厚度为1 cm左右，再用一块同样大小的尼龙羽纱(薄型光滑和耐热的材料均可)与其一起缝合即可。海绵垫具体的使用方法很简单，一般都放在正面，避免熨斗直接接触布面造成损伤。但当整烫有缝份的衣片时则放在反面整烫，这样可避免因整烫不当而产生的经济损失。

▶知识点四：黏合衬技术

服装的质量除取决于结构、工艺、面料等因素外，在很大程度上还取决于服装的辅料，特别是衬布。目前各国生产高质量服装所用衬布大多是热熔黏合衬。

(一) 黏合衬的分类和性能

1. 黏合衬按底布种类划分

(1) 针织黏合衬

一般采用涤纶和锦纶长丝经编针织物衬纬经编针织物。多用于针织和弹性服装。

(2) 非织造黏合衬

即无纺衬。可用一种纤维，也可用几种纤维混合而成。常用的有黏胶纤维、涤纶、锦纶、晴纶等，其中以涤纶和涤纶混合纤维较多，这种黏合衬多半用于轻、薄面料的服装。

2. 按黏合衬的用途划分

(1) 衬衣黏合衬：这类衬用于衬衫的领、袖、门襟等部位，要求水洗性能好。

(2) 外衣衬：外衣衬是指外衣前身、胸、下摆、领、袋盖等部位，要求与服装面料相匹配。

(3) 裘皮衬：裘皮衬指用于皮革裘皮和人造革服装，都采用较薄的非织造衬。

(4) 丝绸衬：丝绸衬指用于真丝绸和化纤丝绸服装等，要求薄而柔软，富有弹性。

(二) 粘合衬的作用

1. 使服装造型更挺括、美观

黏合衬的硬挺和弹性，可使服装更笔挺，使折边线清晰平直，造型更令人满意。

2. 使服装结构更稳定

黏合衬可使成衣面料抗拉性，使服装在穿着时不易因受力而变形，可保持服装形状和尺寸的稳定。

3. 使服装更耐穿

黏合衬使成衣增加了一层保护层，面料平挺、抗皱、抗拉伸，因而不易破损。

4. 使服装洗后免烫

黏合衬和面料粘合在一起，使服装水洗后不变形、不起皱，不必熨烫，便于穿着。

5. 便于服装加工

有些面料单薄而滑软，缝纫困难。黏合衬和面料粘结后，使面料平挺而易于加工，并便于大批量生产。

(三) 使用黏合衬的注意事项

1. 黏合衬和面料粘合要牢固；

2. 在裁剪和制作样板时要校准缩率，对面料放大。无论是有纺衬或无纺衬，衬布要比面料四周小 0.2～0.3 cm，防止衬布超出面料而粘在熨斗或热熔机上；

3. 黏合衬的颜色要尽量与面料颜色一致，深色面料可配浅色衬，浅色面料不能配深色衬。否则会误使成品出现色差；

4. 做全衬时，要将面料铺平，然后进行粘衬，以免面料缝合成立体后难以粘衬；

5. 对柔软和较薄的面料在粘合前要进行点状熔接，以防止衣片与黏合衬移位；

6. 粘合后要保持平放，自然冷却，不可随即折叠或堆压，以防止衣片变形。

▶知识点五：服装的裁剪工艺

(一) 排料

排料是裁剪的基础，它决定着每片样板的位置及使用面料的多少。不进行排料就不知道用料的准确长度，辅料就无法进行。排料划样不仅为辅料裁剪提供依据，使这些工作能够顺利进行，而且对面料的消耗、裁剪的难易、服装的质量都有直接影响，是一项技术性很强的操作工艺。

1. 排料的方法

(1) 采取手工划样排料，即用样板在面料上划样套排；

(2) 采用服装 CAD 系统绘画排料；

(3) 采用漏花样(用涤纶片制成的排料图)粉刷工艺划样排料。

2. 排料的具体要求

(1) 面料的正、反面与衣片的对称

大多数服装面料是分正反面的，而服装设计与制作的要求一般都是使面料的正面作为服装的表面。同时，服装上许多衣片具有对称性，例如上衣的衣袖、裤子的前片和后片等，都是左右对称的两片。因此，排料时既要保证衣片正反一致，又要保证衣片的对称，避免出现"一顺"现象。

(2) 面料的方向性

服装面料是具有方向性的，服装面料的方向性表现在以下三个方面。

A. 面料有经纱(直纱)与纬纱(横纱)之分。在服装制作中，面料的经向与纬向表现出不同的性能。例如，经纱挺拔垂直，不易伸长变形；纬纱有较大伸缩性，富有弹性，易弯曲延伸，围成圆势时自然、丰满。因此，不同衣片在用料上有经纱、纬纱、斜纱之分，排料时，应根据服装制作的要求，注意用料的纱线方向。

B. 面料表面有绒毛，且绒毛具有方向性，如灯芯绒、丝绒、人造毛皮等。在用倒顺毛面料进行排料时，首先要弄清楚倒顺毛的方向，绒毛的长度和倒顺向的程度等，然后才能确定画样的方向。例如，灯芯绒面料的绒毛很短，为了使产品毛色和顺，采取倒毛做(逆毛面上)；又如兔毛呢和人造毛皮这一类绒毛较长的面料，不宜采用倒毛做，而应采取顺毛做。

(3) 对条、对格面料的排料

国家服装质量检验标准中关于对条对格有明确的规定，凡是面料有明显的条格，且格宽在 1 cm 以上者，要条料对条、格料对格。高档服装对条、对格有更严格的要求。

A. 上衣对格的部位：左右门里襟、前后身侧缝、袖与大身、后身拼缝、左右领角及衬衫左右袖头的条格应对应；后领面与后身中缝条格应对准；驳领的左右挂面应对称；大、小袖片横格对准，同件袖子左右应对称；大、小袋与大身对格，右袋对称，左、右袋嵌线条格对称。

B. 裤子的对格部位：裤子对格的部位有栋(侧)缝、下裆(中裆以上)缝、前/后裆缝；左右腰面条格应对称；两后袋、两前斜袋与大身对格，且左右对称。

对条、对格的方法有两种：

a. 在画样时，将需要对条、对格部位的条格画准。在铺料时，一定要采取对格铺料的方法。

b. 将对条、对格的其中一条画准，将另一片采取放格的方法，开刀时裁下毛坯，然后再对条、格，并裁剪。一般较高档服装的排料使用这种方式。

对条、对格时的注意事项：

a. 画样时，尽可能将需要对格的部件画在同一纬度上，可以避免面料纬斜和格子稀密不匀而影响对格；

b. 在画上下不对称的格条面料时，在同一件产品中要保证一致，顺向排斜，不能颠倒。

(4) 对花面料的排料

对花是指面料上的花型图案，经过加工成为服装后，其明显的主要部位组合处的花型仍要保持完整。对花的花型一般都是属于丝织品上较大的团花，如龙、凤、福、禄、寿等不可分割的花型。对花产品是中式丝绸棉袄、丝绸晨衣的特色。对花的部位在两片前身、袋与大身、袖与前身等处。

对花产品排料时的注意事项：

A. 要计算好花型的组合，例如，前身两片在门襟处要对花，画样时要画准，在左右片重合时，使花型完整；

B. 在画这种对花产品时，要仔细检查面料的花型间隔距离是否规则，如果花型间隔距离大小不一，其画样图就要分开画，以免由于花型距离不一而引起对花不准；

C. 无肩缝中式丝绸服装对花时，有的产品的门襟、袖中缝、领与后身、后身中缝、袋与大身、领头两端等部位都需要对团花，也有的产品的袖中缝、领与后身部位不一定要求对团花，其他部位与整肩产品（无肩缝）相同。

(5) 节约用料问题

在保证达到设计和制作工艺要求的前提下，尽量减少面料的用量是排料时应遵循的重要原则。根据经验，以下一些方法对提高面料利用率、节约用料行之有效。

A. 先主后次；

B. 紧密套排；

C. 缺口合拼；

D. 大小搭配；

E. 拼接合理。

要做到充分节约面料，排料时就必须根据上述规律反复进行试排，不断改进，最终选出最合理的排料方案。

（二）画样和裁剪

1. 画样

排料结束后，要清点样板的数量，以免漏排，然后用划粉沿样板边缘划样。划样的边缘要求薄一些，划样的线要细。

2. 裁剪

画样完毕，就可以用剪刀沿面料上的粉线进行裁剪。

A. 裁剪刀刀口要锋利、清洁；

B. 裁剪台要保持平整；

C. 裁剪操作时，左右手要互相配合；

D. 裁剪应严格按照划粉线进行，要求刀路顺直流畅。

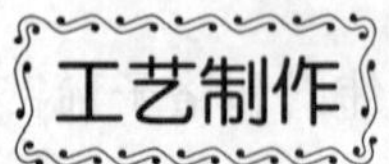

过程一：男茄克大货工艺单制作

一、生产工艺单阐述

生产工艺单是指导服装生产的技术依据之一，是服装制作过程中的一个重要环节，是对服装企业中订单样板打制、样衣制作的特定文件，是控制服装质量的重要环节之一。

二、工艺单的分类

（一）规格示样书（下单工艺单）

一般是贸易部门向生产企业或生产部门下达的工艺文件，重点布置生产部门需要做到的各项要求以及必须达到的技术指标。但是一般情况下，这一类工艺文件没有阐述工艺技术与操作技法，而只提出要求。

（二）工序工艺单（工艺操作规程）

这是生产企业为了按质、按量、准时履约，在企业内部统一操作方法、组织工艺流程而设计的工艺文件。这类工艺文件非常具体，它反映了产品工艺过程的全部技术要求，是指导产品加工和工人操作的技术法规，是贯彻和执行生产工艺的重要手段，是产品质量检查及验收的主要依据。

三、大货生产工艺单设计的内容和要求

工艺单的内容较多，企业可根据不同产品的特点自行设计，一般有以下几点：

(1) 产品名称及货号；

(2) 产品概述；

(3) 产品平面款式图；

(4) 产品规格、测量方法及允许误差；

(5) 成品整烫及水洗要求；

(6) 缝纫型式与针距密度；

(7) 面、辅料的配备（包括品种、规格、数量、颜色等）；

(8) 产品折叠、搭配及包装方法；

(9) 配件及标志的有关规定；

(10) 产品各工序的缝制质量要求。

作为服装生产的工艺单设计必须具备完整性、准确性及可操作性，三者缺一不可。

1. 工艺单的完整性

主要是指内容的完整，它必须是全面的和全过程的，主要有裁剪工艺、缝纫工艺、锁钉工艺和整烫、包装等工艺的全部规定。

2. 工艺单的准确性

作为工艺单必须准确无误，不能模棱两可，含糊不清。主要内容包括：

(1) 图文并茂，一目了然。在文字难以表达的部位可配以图解，并标以数据，如两线间距 0.8 cm，袋口长 10.5 cm、宽 2.5 cm 等；

(2) 措词准确、严密、逻辑严谨，紧紧围绕工艺要求、目的和范围撰写，条文和词句既没有多余，也无不足。在说明工艺方法时，必须说明工艺部位，如：前身、后背袖大片或袖小片、里子、领头等；

(3) 术语统一。工艺文件所用的全部术语名称必须规范，执行服装术语标准规定的统一用语，为照顾方言，可以配注解同时使用，但是在同一份工艺文件中对同一内容，不可以有不同的术语称呼，以免产生误会，导致发生产品质量事故。

3. 工艺文件的可操作性

工艺文件的制订必须以确认样的生产工艺及最后鉴定意见为生产的依据。文件应具有可操作性和先进性，未经实验过的原辅材料及操作方法，均不可以轻易列入工艺文件。

4. 工艺单的制作形式(空白工艺单见附表 6-1、附表 6-2)

一般以图表形式出现：

(1) 特定表格；

(2) 企业自定；

(3) 一般文字形式。

四、服装生产流程

服装生产的流程因服装品种不同而要做相应的变化，一般服装生产流程可分为 4 个阶段。

1. 生产准备

生产准备包括面料、辅料的采购，用料计算，对面料进行物理、化学检验与测试，对面料预缩和整理以及样板试制等，为服装生产做充分准备。

2. 裁剪工序

裁剪工序包括纸样制作、纸样放缩、排料、铺、裁剪、衣片分扎、检验、配片等。

3. 缝制工序

缝制工序包括部件的制作、半成品检验、部件组装工序、成品检验等。该工序要根据服装款式、机械设备、生产条件，选择最佳的加工方法，以便提高生产质量。

4. 后整理工序

后整理工序包括成品质量检验、整烫、包装、储存、运输等。为了提高品牌服装生产的效率和质量，必须制定服装生产的有关技术规定，包括：总体设计生产计划、款式技术说明，成品规格表，加工工序流程图，生产流程设置，加工工艺卡，质量标准，标准系列样板，生产样板等。除此之外，还应进行生产流水线设计，根据生产方式及产品的种类，制定加工工艺规程，工序人员配置，场地设置，设备应用等。

服装生产流程要达到高效益、高品质，必须因地制宜，按产品的种类、质量要求、设备、经济能力、工人技术、管理水平、交货日期等，合理地制定生产流程(图 6-1)。

表 6-1　＊＊＊＊＊＊＊样衣生产通知单

<table>
<tr><td>款号：</td><td>名称：</td><td colspan="6">规格表(M 码　号型：　　　)　　单位：cm</td></tr>
<tr><td>下单日期：</td><td>完成日期：</td><td>部位</td><td>尺寸</td><td>部位</td><td>尺寸</td><td>部位</td><td>尺寸</td></tr>
<tr><td colspan="2" rowspan="7">款式图：</td><td>衣/裤/裙长</td><td></td><td>肩宽</td><td></td><td>挂肩</td><td></td></tr>
<tr><td>胸围</td><td></td><td>领高</td><td></td><td>前腰节</td><td></td></tr>
<tr><td>腰围</td><td></td><td>前领深</td><td></td><td>后腰节</td><td></td></tr>
<tr><td>臀围</td><td></td><td>前领宽</td><td></td><td>下摆宽</td><td></td></tr>
<tr><td>袖长</td><td></td><td>后领深</td><td></td><td>裤脚口宽</td><td></td></tr>
<tr><td>袖口</td><td></td><td>后领宽</td><td></td><td>立裆深</td><td></td></tr>
<tr><td colspan="6">工艺说明：</td></tr>
<tr><td colspan="2">款式说明：</td><td colspan="3">面料：</td><td colspan="3" rowspan="3">辅料：</td></tr>
<tr><td colspan="2" rowspan="2">改样记录：</td><td colspan="3">绣花、印花：</td></tr>
<tr><td colspan="3">水洗：</td></tr>
</table>

设计：　　　　制板：　　　　样衣

表 6－2　＊＊＊＊＊＊＊＊＊生产工艺单

款号：	名称：	下单工厂：	完成日期：

款式图：

面料小样：

辅料小样：

面辅料配备

名称	货号	门幅(规格)	单位用量	名称	货号	门幅(规格)	单位用量
面料				尺码标			
里布				明线			
黏衬				暗线			
袋布				吊牌			
钮扣				洗水唛			
拉链				胶袋			
气眼				商标			
绳							

规格表　单位：cm

部位＼尺码	S	M	L	XL

黏衬部位：

裁剪要求：

成衣处理要求：

工艺缝制要求：　　明线针距：　　暗线针距：

制单：　　审核：　　日期：

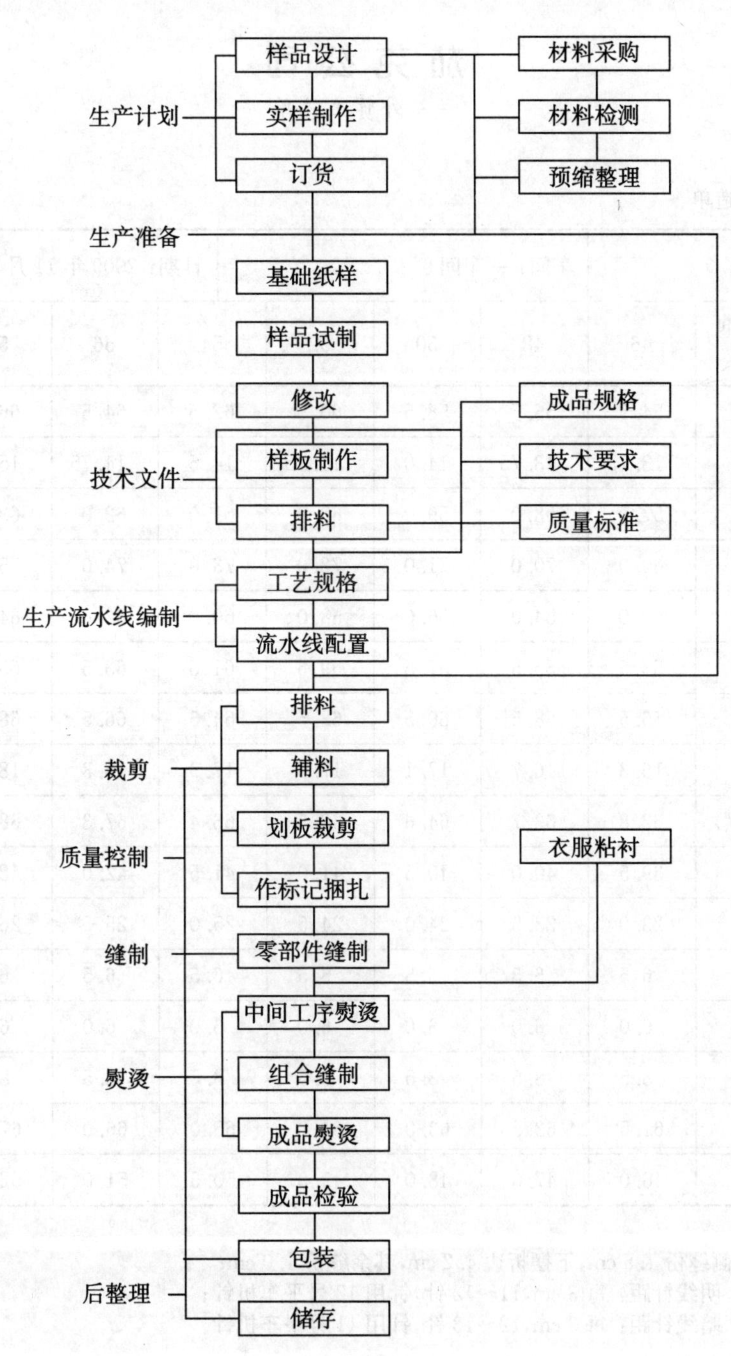
生产计划
样品设计
实样制作
订货
材料采购
材料检测
预缩整理
生产准备
基础纸样
样品试制
修改
成品规格
样板制作
技术要求
技术文件
排料
质量标准
工艺规格
生产流水线编制
流水线配置
排料
裁剪
辅料
划板裁剪
质量控制
衣服粘衬
作标记捆扎
缝制
零部件缝制
中间工序熨烫
组合缝制
熨烫
成品熨烫
成品检验
包装
后整理
储存

图 6-1 服装生产流程

附企业工艺单

案例一：

茄克公司

——外贸工艺单

成品规格工艺制造单

共4页 第1页
单位：cm

款号：4828		车间：一车间			日期：2009年11月12日		
尺寸 号型 部位	46	48	50	52	54	56	58	60
前下摆围	54.5	56.5	58.5	60.5	62.5	64.5	66.5	68.5
袖口/2	13.75	13.75	14.0	14.25	14.5	14.75	15.0	15.0
袖长	57.0	58.0	59.0	60.0	61.0	62.0	63.0	64.0
后中长	69.0	70.0	71.0	72.0	73.0	74.0	75.0	76.0
后下摆围	52.0	54.0	56.0	58.0	60.0	62.0	64.0	66.0
后胸宽	53.5	55.5	57.5	59.5	61.5	63.5	65.5	67.5
前胸宽	56.5	58.5	60.5	62.5	64.5	66.5	68.5	70.5
小肩	16.3	16.7	17.1	17.5	17.9	18.3	18.7	19.1
前长(领围到下摆)	62.8	63.7	64.6	65.5	66.4	67.3	68.2	69.1
侧缝	39.5	40.0	40.5	41.0	41.5	42.0	42.5	43.0
袖肥/2	23.0	23.5	24.0	24.5	25.0	25.5	26.0	26.5
左领尖长	6.5	6.5	6.5	6.5	6.5	6.5	6.5	6.5
右领尖长	6.0	6.0	6.0	6.0	6.0	6.0	6.0	6.0
后领高	8.5	8.5	8.5	8.5	8.5	8.5	8.5	8.5
拉链长	61.5	62.5	63.0	64.0	65.0	66.0	67.0	68.0
领长	46.0	47.0	48.0	49.0	50.5	51.0	52.0	53.0

备注：

1. 缝份：后侧缝份1.5 cm，下摆折边4.2 cm，其余缝份1.0 cm；
2. 针、线距：明线针距：每3 cm，11～12针，针用12号平车机针；
   暗线针距：每3 cm，12～13针，针用11号平车机针。

成品要求：

绱领吃势均匀，绱袖端正、圆顺，袖窿周围不起皱，折叠端正、熨烫平整、表面清洁、不得有污渍、疵点及其他有损外观的毛病，不应有漏缝、缺件和破损。

制单人：	复核人：	审批人：

茄克公司

——外贸工艺单

生产工艺平面图

共4页 第2页
单位：cm

款号：4828	车间：一车间	日期：2009年11月12日

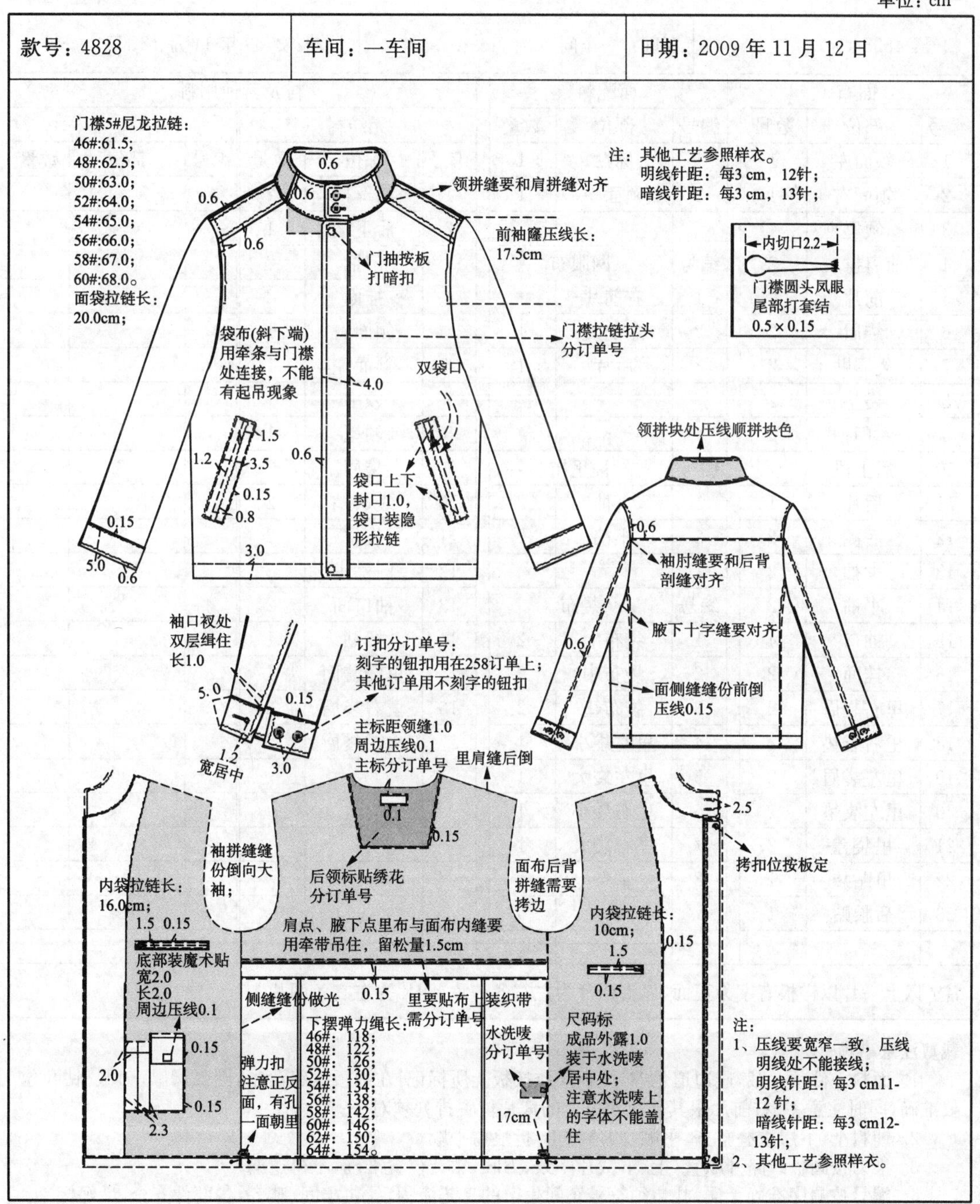

制单人：	复核人：	审批人：

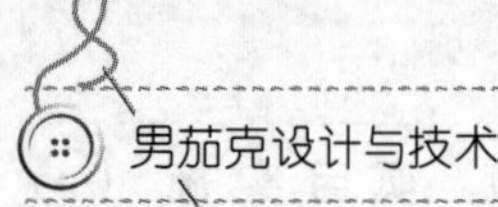

茄克公司

——外贸工艺单

样板一览表：

共4页 第3页
单位：cm

款号：4828			车间：一车间			日期：2009年11月12日					
面布			面配料			衬及其他用料					
编号	部位	数量	编号	部位	数量	无纺衬					
1	领面左	1	1	标贴	1	编号	部位	数量	编号	部位	数量
2	领面右	1	2	领面中	1	1	前下摆	2			
3	领里	1				2	后下摆	1			
4	前肩拼块	2	编号	网眼布		3	门抽	2			
5	前片	2	1	右前片	1	4	挂面	2			
6	袋眉	2	2	左前片	1	5	领面右	1			
7	袋眉贴	2	3	后片	1	6	领面左	1			
8	袋垫	2				7	领中	1			
9	左门抽	2				8	领里	1			
10	后上段	1	编号	袖里布		9	袋眉	2			
11	后片	1	1	大袖	2	10	袋眉贴	2			
12	后侧	2	2	小袖	2	11	袋位	2			
13	大袖	2				12	门襟中	2			
14	小袖	2	编号	袋布		13	袖口面	2			
15	袖口	4	1	袋布上	2	14	标贴	1			
16	挂面	2	2	袋布中	2	15	里袋盖面	1			
17	里右袋眉	2	3	袋布垫	2	16	里右袋眉	2			
18	里右袋垫	1	4	里左袋小	1	17	里左袋眉	2			
19	里左袋眉	2	5	里左袋大	1						
20	里左袋垫	1	6	里右袋小	1						
21	里袋盖	2	7	里右袋大	1						
22	里贴袋	1	8	牵条	1						
23	后腰贴	1									

注：以上一片以样板有字为正面，以上两片为左右各一片，四片为左右各两片。

裁剪注意事项：

1. 面料一件须一裁，避边道色差，画板丝缕按板上所标记，在画板线路清晰，圆弧圆顺，刀眼、钻孔位要准确，同时注意左、右前片跟其他在衣身上的裁片位置排列须对齐；
2. 铺料上、下层重叠整齐、平顺，四角方正，折痕捋平顺；
3. 推刀按画板线路开顺直，上、下裁片一致，刀眼、钻孔位置准确，不得遗漏；
4. 编号按顺序准确无误，扎包须符号车间生产的工艺流程，扎包牢固、整齐，各部件齐全，吊好标签。

制单人：	复核人：	审批人：

茄克公司

——外贸工艺单

辅料配制单：

共4页 第4页
单位：cm

<table>
<tr><td colspan="2">款号：4828</td><td colspan="2">车间：一车间</td><td colspan="2">日期：2009年11月12日</td></tr>
<tr><td colspan="2">订单号：00258
订单号：00259
订单号：00260无绣花
绣花：1个；</td><td colspan="2">订单号：00258
订单号：00259
订单号：00260
主标：1个；</td><td>号码标：1个；</td><td>洗水唛按订单分；
洗水唛：1个；</td></tr>
<tr><td>线</td><td>面线60 s/3线（顺面布色）；
面配料线60 s/3线（顺面配料色）；
网眼布线60 s/3线（顺网眼布色）；
袖里线60 s/3线（顺袖里色）。</td><td>钮扣</td><td>钮扣：7个；（包括备扣）
订单号00258刻字
其余无刻字
固定扣：2个；（透明）
内径0.5汽眼：4套；（黑镍色）
直径1.2四合扣：2套；（黑镍色）</td><td>拉链</td><td>藏青色链边拉链：普拉头内袋3#尼龙短拉链：1条；
藏青色链边拉链：普拉头内袋3#尼龙长拉链：1条；
藏青色链边拉链：水滴形拉头面袋口隐形拉链：2条；
藏青色链边拉链：
订单号00258用有OT刻字的拉头；
订单号00259、00260用无刻字拉头；
门襟5#尼龙开口拉链：1条；</td></tr>
<tr><td colspan="2">大箱 15件/箱
包装袋 1个
无纺衬灰色 0.65 m/件
无纺衬白色 0.65 m/件
绣花(分订单) 1处
衣架(分尺码) 1个</td><td>挂牌</td><td>挂牌，用抢针打在左袖口上；
订单号：00258
订单号：00259
空白挂牌
上印有订单号、尺码 颜色等
订单号：00260
挂牌：1个；</td><td>其他</td><td>直径0.3cm弹力绳：1.45 m；
红色、藏青、橘红面料用藏青色弹力绳；
黄绿、米色面料用米色弹力绳；
包边条：0.65cm；（藏青色）
订单号：258织带上织OLD TAYLOR；
订单号：259织带上织FSH SPORT；
订单号：260织带上无织字；
内袋2.0宽魔术贴：3.0cm；
红色、藏青、橘红面料用藏青色魔术贴；
黄绿、米色面料用米色弹力绳；</td></tr>
<tr><td colspan="2"></td><td>用衬</td><td>无纺衬；
红色、藏青、橘红色面料用灰衬；
黄绿色、米色面料用白色衬。</td><td>包装要求</td><td>具体装箱配比按客户要求；
挂牌用胶针打在左袖缝上。</td></tr>
<tr><td>后整注意事项</td><td colspan="5">1. 衣服要整烫整洁，整烫不能出现烫印；
2. 四合扣面底位要吻合，订扣十字加绕脚，领上订扣不能订穿，领上锁眼内层为正面；
3. 丝缕顺直，袖窿圆顺，无水渍，污渍，烫痕、死印、极光，线毛清理干净，要求成品整件平整、干净；不能出现接线、跳针、漏针；
4. 包装按客户要求进行包装。</td></tr>
<tr><td colspan="2">制单人：</td><td colspan="2">复核人：</td><td colspan="2">审批人：</td></tr>
</table>

案例二：

茄克公司

——外贸工艺单

成品规格工艺制造单　　　　　　共4页 第1页
单位：cm

款号：4842		车间：一车间		日期：2009年11月1日		
尺寸\号型 部位	48	50	52	54	56	58	公差
前下摆围	57.8	59.8	61.8	63.8	65.8	67.8	
袖口	15.75	16.0	16.25	16.5	16.75	17.0	
袖长	63.5	64.5	65.5	66.5	67.5	68.5	
后中长	70.0	71.0	72.0	73.0	74.0	75.0	
后片摆围	55.0	57.0	59.0	61.0	63.0	65.0	
后胸宽	55.5	57.5	59.5	61.5	63.5	65.5	
前胸宽	58.5	60.5	62.5	64.5	66.5	68.5	
小肩	17.0	17.4	17.8	18.2	18.6	19.0	
前长(领围到下摆)	63.4	64.3	65.2	66.1	67.0	67.9	
侧缝	38.0	38.5	39.0	39.5	40.0	40.5	
袖肥/2	24.5	25.0	25.5	26.0	26.5	27.0	
领线	48.0	49.0	50.0	51.0	52.0	53.0	
领点宽	8.5	8.5	8.5	8.5	8.5	8.5	
后领高	8.5	8.5	8.5	8.5	8.5	8.5	
拉链长	68.5	69.4	70.3	71.2	72.1	73.0	
衣领拉链长	30.0	31.0	32.0	33.0	34.0	35.0	

备注：

1. 缝份：门襟缝份1.6 cm，袖口，下摆折边3.7 cm，其余缝份1.0 cm；
2. 针、线距：明线针距：每3 cm，11～12针，针用14号平车机针；
　　　　　暗线针距：每3 cm，12～13针，针用11号平车机针。

成品要求：

绱领吃势均匀，绱袖端正、圆顺，袖窿周围不起皱，折叠端正、熨烫平整、表面清洁、不得有污渍、疵点及其他有损外观的毛病，不应有漏缝、缺件和破损。

制单人：	复核人：	审批人：

茄克公司

——外贸工艺单

生产工艺平面图

共4页 第2页
单位：cm

款号：4842	车间：一车间	日期：2009年11月1日

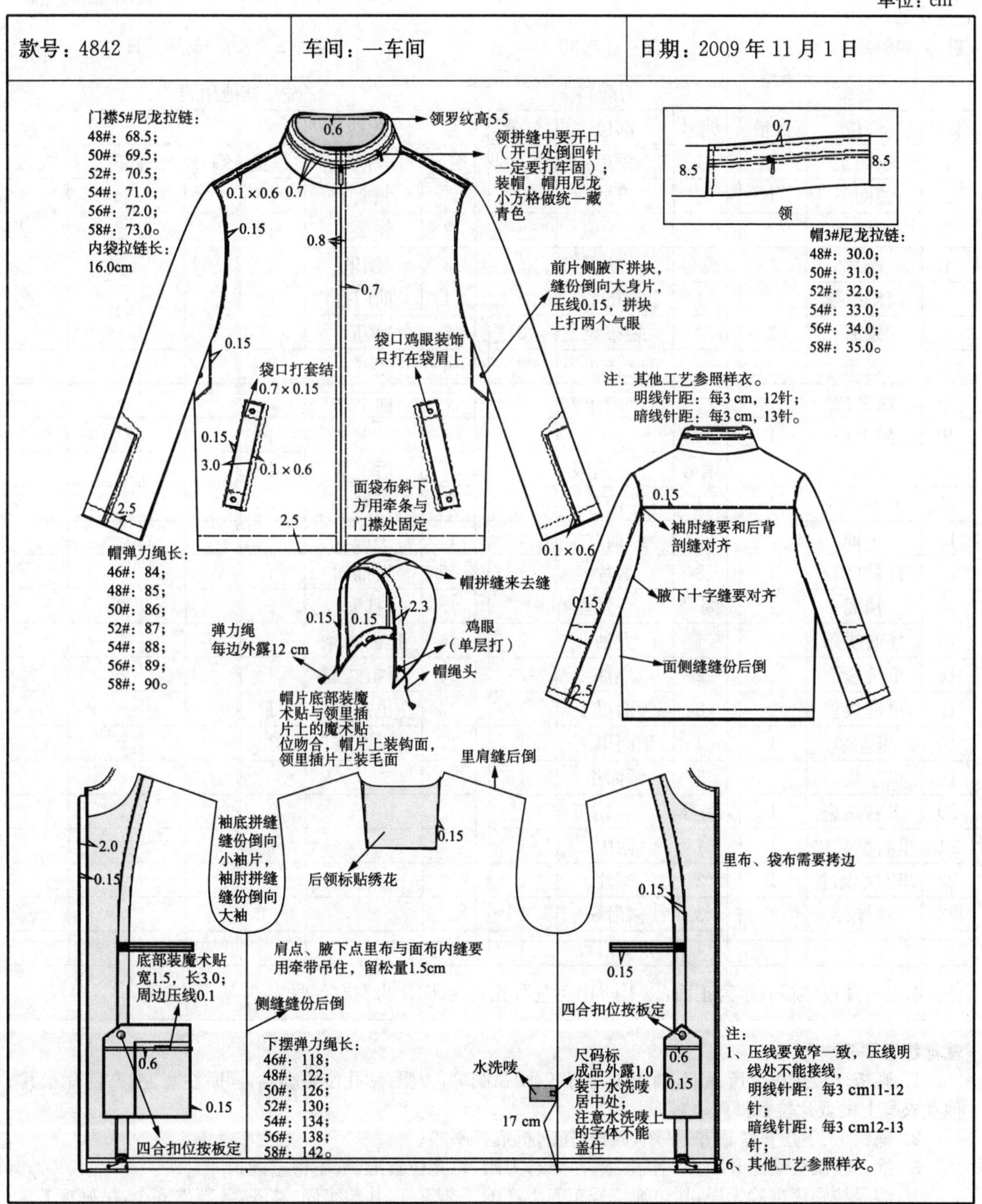

制单人：	复核人：	审批人：

茄克公司

——外贸工艺单

样板一览表：

共4页 第3页
单位：cm

款号：4842			车间：一车间			日期：2009年11月1日					
面布			面配料			衬及其他用料					
编号	部位	数量	编号	部位	数量	无纺衬					
1	领面上	1	1	领里	1	编号	部位	数量	编号	部位	数量
2	领面下	1	2	里抽	2	1	领面上	1			
3	领里条	2				2	领面下	1			
4	前片	2	编号	袋布		3	领里	1			
5	前侧拼块	2	1	袋布小	2	4	前门襟	2			
6	袋眉	2	2	袋布大	2	5	袋眉	2			
7	袋垫	2	3	里链袋布小	2	6	袋位	2			
8	后上段	1	4	里链袋布大	2	7	前下摆	2			
9	后下段	1				8	后领窝	1			
10	大袖	1	编号	网眼布		9	后下摆	1			
11	大袖拉块	1	1	左前片	1	10	大袖口	2			
12	小袖	2	2	右前片	1	11	小袖口	2			
13	标贴(绣)	1	3	后片	1	12	里抽面	1			
14	挂面	2	编号	袖里布		13	挂面	2			
15	挂面拼条	2	1	大袖	2	14	挂面拼条	2			
16	里链袋眉	4	2	小袖	2	15	里链袋眉	4			
17	里链袋垫	2	3	领面里上	1	16	左里贴袋口	1			
18	里左袋	1	4	领面里下	1	17	右里贴袋口	1			
19	里左袋口	1	5	领面里	1						
20	里右贴袋	1	编号	帽里布							
21	里右贴袋口	1	1	帽中	1						
22	里右小贴袋	1	2	帽片	2						
23	领挂袢	1	3	帽沿贴	1						
			4	帽下沿贴	1						

注：以上一片以样板有字为正面，以上两片为左右各一片，四片为左右各两片。

裁剪注意事项：

1. 画板丝缕按板上所标记，画板线路清晰，圆弧圆顺，刀眼、钻孔位要准确，同时注意左、右前片跟其他在衣身上的裁片位置排列须对齐；
2. 铺料上、下层重叠整齐、平顺，四角方正，折痕捋平顺；
3. 推刀按画板线路开顺直，上、下裁片一致，刀眼、钻孔位置准确，不得遗漏；
4. 编号按顺序准确无误，扎包须符号车间生产的工艺流程，扎包牢固、整齐，各部件齐全，吊好标签。

制单人：	复核人：	审批人：

茄克公司

——外贸工艺单

辅料配制单： 共4页 第4页

单位：cm

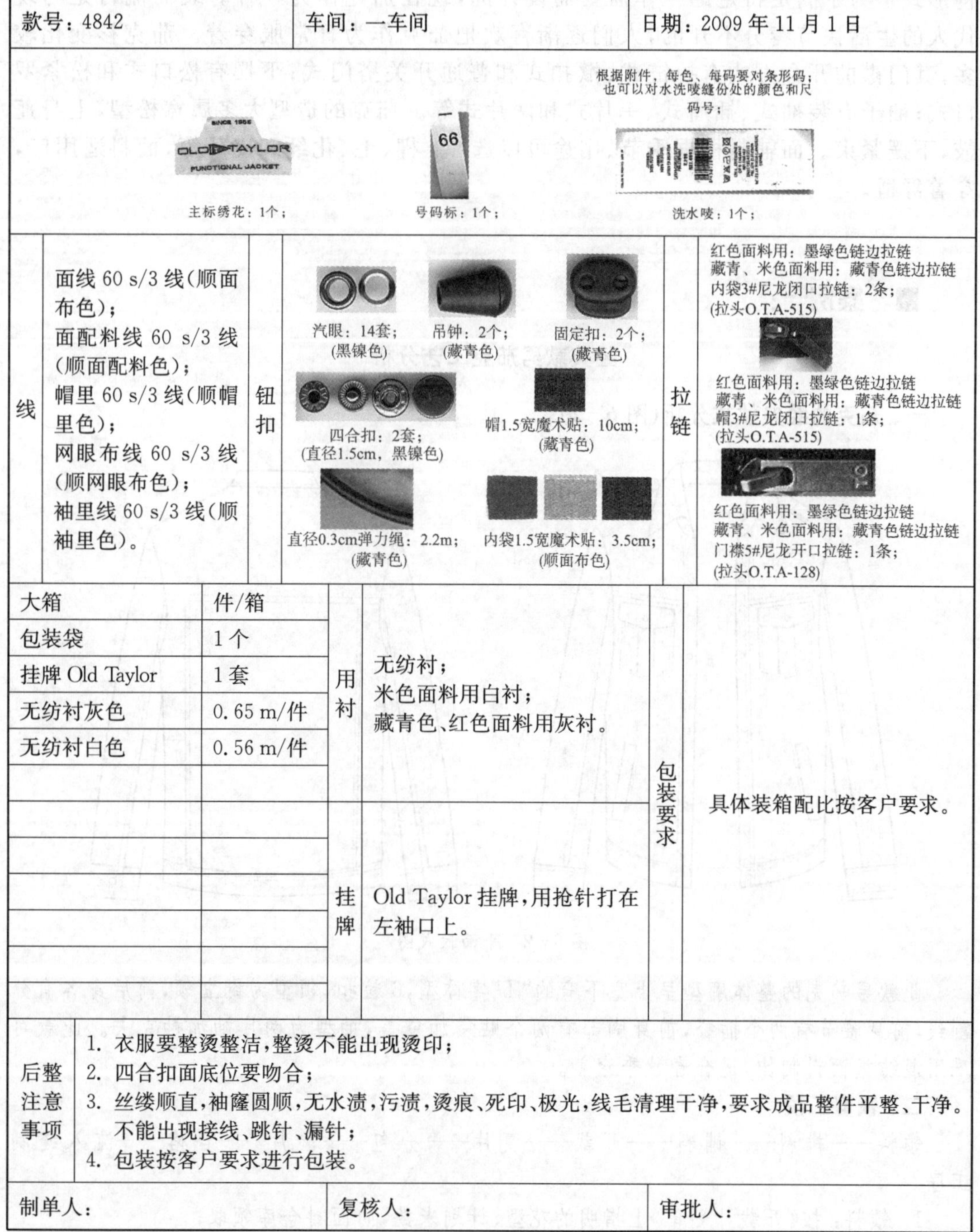

款号：4842	车间：一车间	日期：2009年11月1日

根据附件，每色、每码要对条形码；也可以对水洗唛缝份处的颜色和尺码号；

主标绣花：1个； 号码标：1个； 洗水唛：1个；

线		钮扣		拉链	
线	面线60 s/3线(顺面布色)； 面配料线60 s/3线(顺面配料色)； 帽里60 s/3线(顺帽里色)； 网眼布线60 s/3线(顺网眼布色)； 袖里线60 s/3线(顺袖里色)。	钮扣	汽眼：14套；(黑镍色) 吊钟：2个；(藏青色) 固定扣：2个；(藏青色) 四合扣：2套；(直径1.5cm，黑镍色) 帽1.5宽魔术贴：10cm；(藏青色) 直径0.3cm弹力绳：2.2m；(藏青色) 内袋1.5宽魔术贴：3.5cm；(顺面布色)	拉链	红色面料用：墨绿色链边拉链 藏青、米色面料用：藏青色链边拉链 内袋3#尼龙闭口拉链：2条； (拉头O.T.A-515) 红色面料用：墨绿色链边拉链 藏青、米色面料用：藏青色链边拉链 帽3#尼龙闭口拉链：1条； (拉头O.T.A-515) 红色面料用：墨绿色链边拉链 藏青、米色面料用：藏青色链边拉链 门襟5#尼龙开口拉链：1条； (拉头O.T.A-128)

大箱	件/箱	用衬	无纺衬； 米色面料用白衬； 藏青色、红色面料用灰衬。	包装要求	具体装箱配比按客户要求。
包装袋	1个				
挂牌 Old Taylor	1套				
无纺衬灰色	0.65 m/件				
无纺衬白色	0.56 m/件				
		挂牌	Old Taylor挂牌，用抢针打在左袖口上。		

后整注意事项	1. 衣服要整烫整洁，整烫不能出现烫印； 2. 四合扣面底位要吻合； 3. 丝缕顺直，袖窿圆顺，无水渍，污渍，烫痕、死印、极光，线毛清理干净，要求成品整件平整、干净。不能出现接线、跳针、漏针； 4. 包装按客户要求进行包装。

制单人：	复核人：	审批人：

过程二：男茄克大货工艺分析

茄克衫是深受男士喜欢的一类休闲装。茄克最初是工作服，它的款式造型与结构形式是为了满足特定的工作需要而设计的，现在茄克作为一种时装而流行是与现代人的生活快节奏分不开的，人们逐渐喜欢把茄克作为日常服穿着。茄克衫变化较多，其门襟的开合方式有拉链式、揿扣式和普通开关搭门式；下摆有松口式和松紧罗口式；袖子有装袖式、插肩式、一片式和两片式等。茄克的造型大多属宽松型，上身蓬鼓，下摆紧束。面辅料根据季节、用途可以选择：棉、毛、化纤和皮革等，面料适用广，穿着舒适。

■ 案例一：

经典款男茄克工艺分析

一、茄克的经典款式分析(图 6－2)

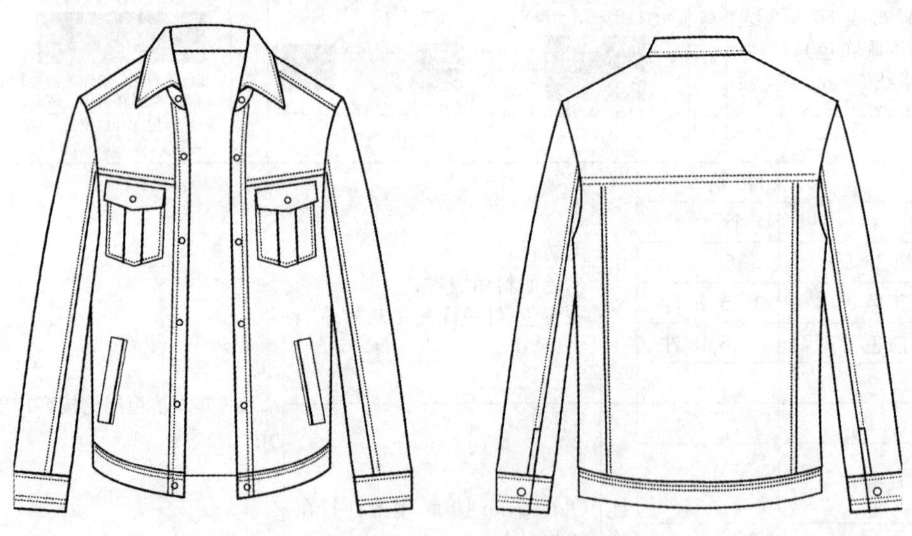

图 6－2　平面款式图

此款男茄克的整体廓型呈上宽下窄的“T”字体型，6 粒扣，领型为翻立领，前后身各有分割线，前身腰节有两个插袋，前身胸部有两个贴袋加袋盖，袖型为两片袖加袖克夫。此款可采用混纺类面料制作，适合春秋季穿着。

二、裁剪工段

领料——排料——铺料——开裁——复片——分包——验片——合格——流入缝制工序

1. 领料：按《开裁计划单》上指明的花型、计划米数，向面料仓库领取；

2. 排料：排料员在领取样板后，根据裁剪车间测取的各档门幅尺寸，按计划单尺码搭配比例进行排样（图 6 - 3），并确定裁片数量（表 6 - 3）；

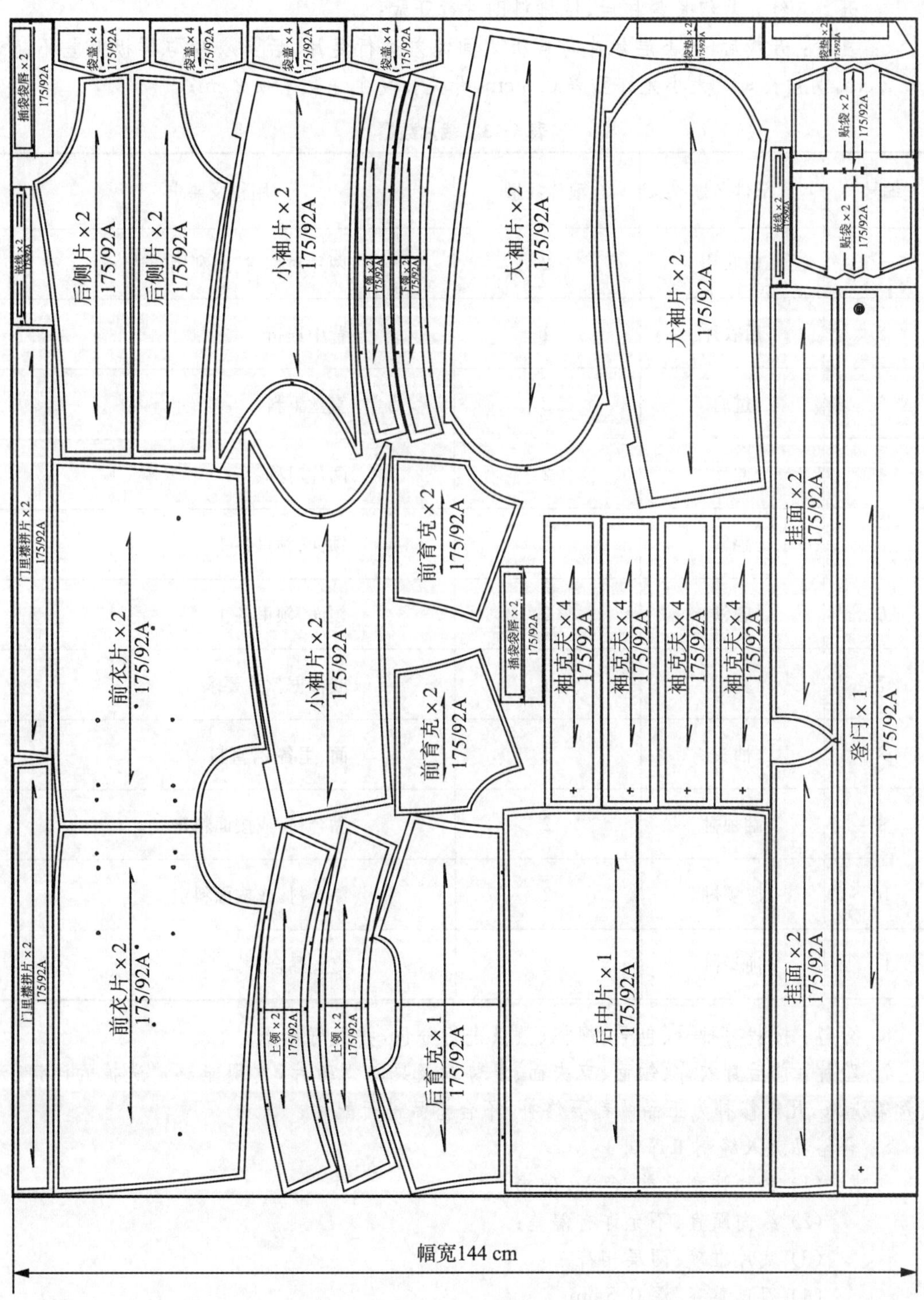

图 6 - 3　排料

3. 铺料：拖料员按排样长度铺料，明确面料正反面，拖料两头允许放出各 0.8 cm，铺料应做到“三齐”、“二直”，即头面齐、尾面齐、移边齐、丝缕直和布面平直；

4. 开裁：经开裁组长复核后，按排料图进行开裁；

5. 复片：开裁后，上下层裁片与样板之间偏差进行复片，后身衣片与样板偏差不超过 +0.3 cm，两袖长短及大小允许互差 0.3 cm，开叉长度允许互差 0.2 cm；

表 6-3 裁片数量

编号	部件名称	裁片数量	用料及要求
1	前衣片	2	两片对称，挂面利用布边
2	后衣片	1	背中连折
3	过肩	2	直丝下料
4	袖片	2	两片对称
5	翻领	2	领面、领里各 1
6	底领	2	领面、领里各 1
7	胸袋	1	或根据款式要求
8	袖头	4	面、里各 2，直料
9	翻领衬	2	黏合衬，或按面料定
10	底领衬	2	黏合衬，或按面料定
11	袖头衬	2	直丝黏合衬

6. 分包：按裁剪批号、包号、规格、数量进行分包，并做好标识；

7. 验片：前后身衣片、领面、克夫面、复势以及袋必须验片，发现能够清洗掉的印渍、污渍都需洗涤，凡能修补为正品的都要修补，不合格品进行配片；

8. 合格品流入缝制工序。

要求：(1) 裁片注意色差、色条、破损；

(2) 纱向顺直、不允许有偏差；

(3) 裁片准确、两层相符；

(4) 刀口整齐、深 0.5 cm。

三、经典款男茄克生产工艺单(图 6-4)

款号：JS-01010	名称：正装型男茄克	下单工厂：ZK·JOS	完成日期：2009-12-20

款式图：（正面、背面）

面料小样：

辅料小样：

面辅料配备(单位:cm)

名称	货号	门幅(规格)	单位用量	名称	货号	门幅(规格)	单位用量
面料		144	180	尺码标			1
里布		120	150	明线	配色		130
黏衬		110	70	暗线	配色		130
袋布		120	30	吊牌			1
揿扣		1.5	10 颗	洗水唛			1
				胶袋			1
				商标			1
				棉罗纹			

规格表 单位：cm

部位\尺码	S	M	L	XL
衣长	67	69	71	73
胸围	114	118	122	126
袖长	58	59.5	61	62.5
袖口	25	26	27	28
肩宽	47.6	48.8	50	51.2
下摆宽	4.5	4.5	4.5	4.5
袖克夫宽	4.5	4.5	4.5	4.5

粘衬部位：
1. 里襟
2. 挂面
3. 袋口

裁剪要求：
1. 裁片注意色差、色条、破损；
2. 纱向顺直,不允许有偏差;
3. 裁片准确、两层相符；
4. 刀口整齐、深 0.5 cm。

成衣处理要求：

工艺缝制要求：　明线针距：14 针/3 cm　暗线针距：14 针/3 cm

1. 针距：平车针距为 14 针/3 cm；
2. 线迹：底面线均匀、不浮线、不跳针等；
3. 商标为折标夹钉于后领中,距商标左端 1 cm 处夹钉尺码标；
4. 洗水唛夹钉于左侧内缝距下摆底边 10 cm 处；
5. 吊牌穿挂在尺码标上；
6. 所有缝子缝份用 760 s/3 配色涤纶线；
7. 整烫：各部位烫平整服帖、烫后无污渍、油渍、水渍,不起极光和亮点；
8. 具体操作参照样衣；
9. 不详之处请及时与我公司联系。

制单：　　审核：　　日期：2009-12-1

图 6-4　经典款男茄克生产工艺单

四、经典款男茄克工艺流程(图 6-5)

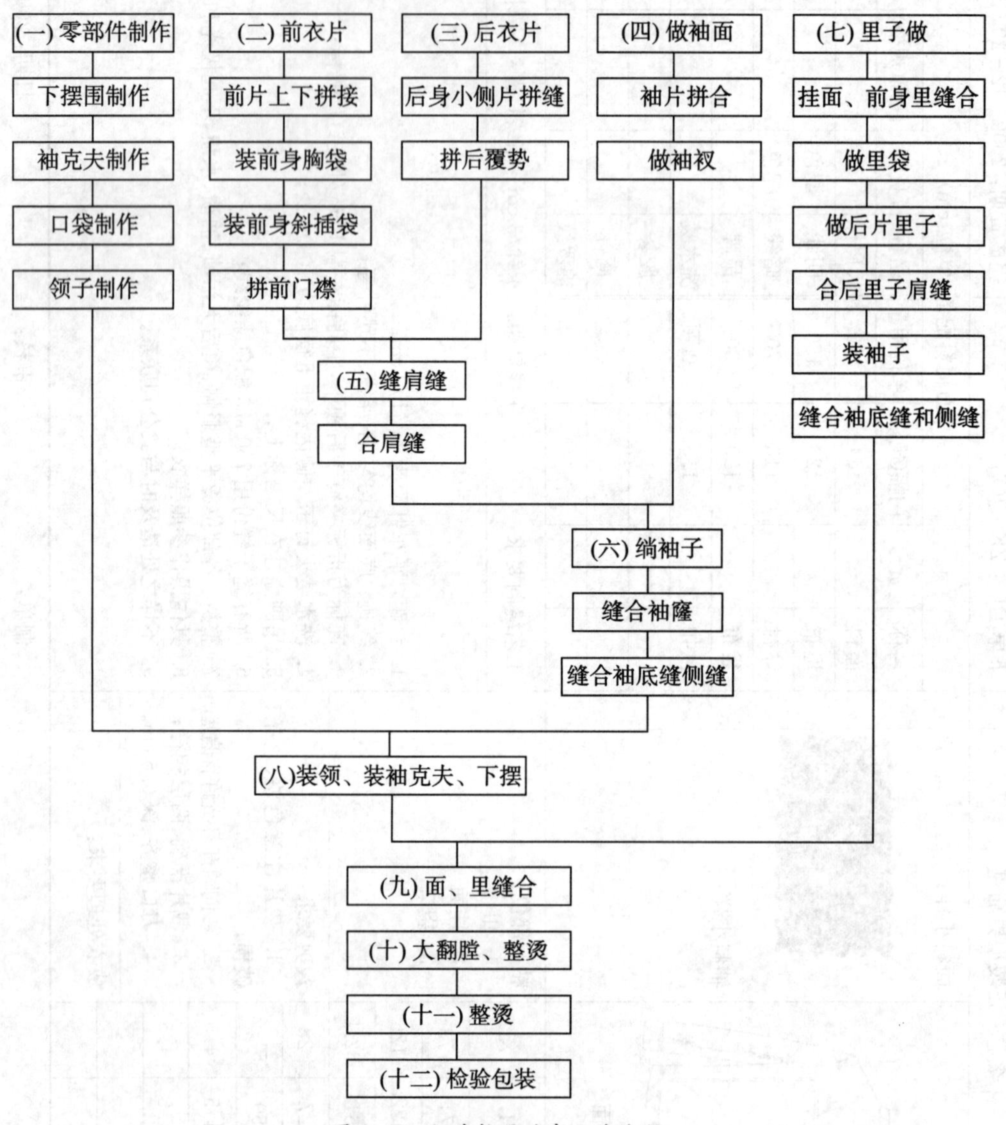

图 6-5　经典款男茄克工艺流程

五、经典款男茄克工艺分析(表6－4)

表6－4　经典款男茄克工艺分析　　单位：cm

序号	工艺内容	工艺制作图	使用工具	缝制要点
1	前片上下拼接	0.6 前片(正面)	单针平缝机	前衣片上下片拼合，缝份向上衣片方向倒，正面压明线0.6 cm。
2	制作前片胸袋	12 4 0.6 11.5 前片(正面)	熨斗和单针平缝机	袋盖宽4 cm，长12 cm，袋布宽11.5 cm，长10 cm，明缉线宽为0.6 cm。缉线要顺直、均匀、无跳线，左右胸袋对称。
3	做袋盖	表袋盖 1 0.3 里袋盖 1 表袋盖 对正裁剪位置车缝 揿扣 0.6	熨斗和单针平缝机	1. 袋盖面反面粘衬，画出净样线； 2. 袋盖面，袋盖呈正面相对，缝份1 cm，袋盖里稍拉紧；将缝头修剪到0.5 cm，翻烫袋盖，要求里外均匀。

（续表）

序号	工艺内容	工艺制作图	使用工具	缝制要点
4	烫贴袋	袋布的裁剪 表布(表) 表布(里) 将褶线车缝 表布(里) 用熨斗扣烫褶裥	单针平缝机	1. 折烫袋布的褶裥； 2. 按褶裥位置扣烫固定，再在褶位用车缝固定；最后按净线位置将贴边折上烫平。
5	装袋盖	0.6 袋盖里布 表布(表) 车缝 车缝 0.5-0.6 表布(表) 0.5-0.6	单针平缝机	将口袋布与袋盖车缝固定在衣片上，正面压明线 0.6 cm。要求两边口袋左右对称，上下一致。
6	单嵌线斜插袋的缝制	2 14 嵌条一根，反面烫衬 6 18 5 垫布一块 18 2 2 口袋位置 袋布B 1 2 袋布A 28 11 1 18	熨斗	1. 单嵌线斜插袋在衣片上定出袋位； 2. 将袋嵌条反面粘衬。
7	烫袋嵌线	衣片(反面)	熨斗	1. 斜插袋衣片位置反面粘衬； 2. 将袋嵌线扣烫好，然后将下袋嵌条对折扣烫； 3. 用卡纸做，长 14 cm，宽 1.9 cm，正反面烫无纺衬，缉线时使用。

(续表)

序号	工艺内容	工艺制作图	使用工具	缝制要点
7		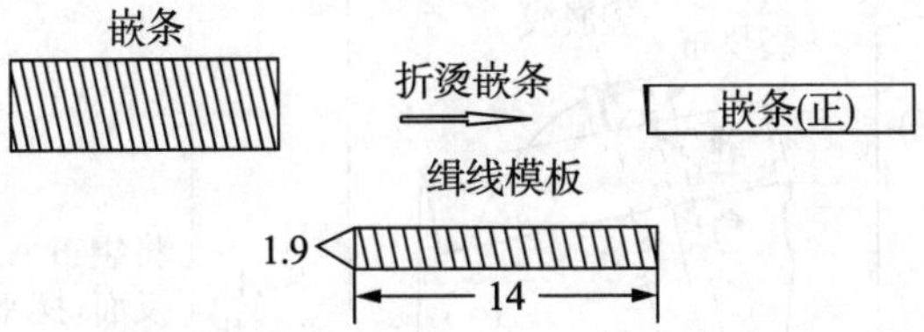 嵌条 折烫嵌条 嵌条(正) 缉线模板 1.9 14	熨斗	
8	开袋	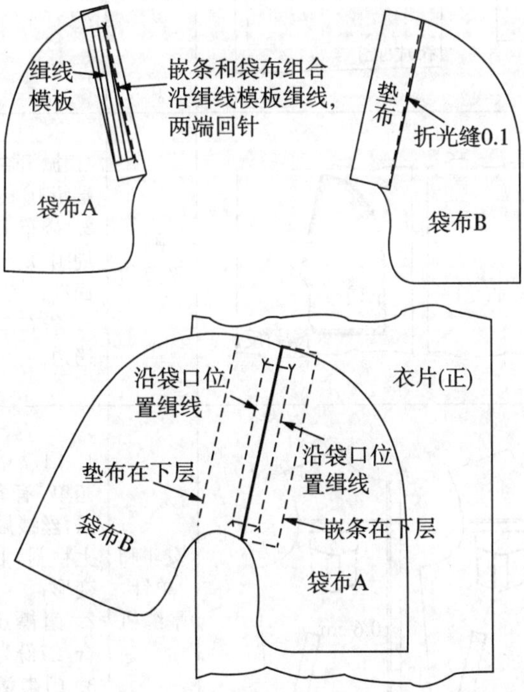 缉线模板 嵌条和袋布组合沿缉线模板缉线，两端回针 垫布 折光缝0.1 袋布A 袋布B 沿袋口位置缉线 衣片(正) 沿袋口位置缉线 垫布在下层 袋布B 嵌条在下层 袋布A	单针平缝机	1. 嵌条与袋布A组合，沿缉线模板缉线，两端回针； 2. 垫布一边折光缉0.1 cm明线缝在袋布B上；将袋布A放置在衣片的正面(嵌条在袋布下层)，将袋嵌线对准袋口的下边线缉上； 3. 将袋布B对准袋口的上边线(垫布在袋布下层)，放上缉线模板，对准袋口的上边线缉线，头尾来回针。
9	剪袋口封三角	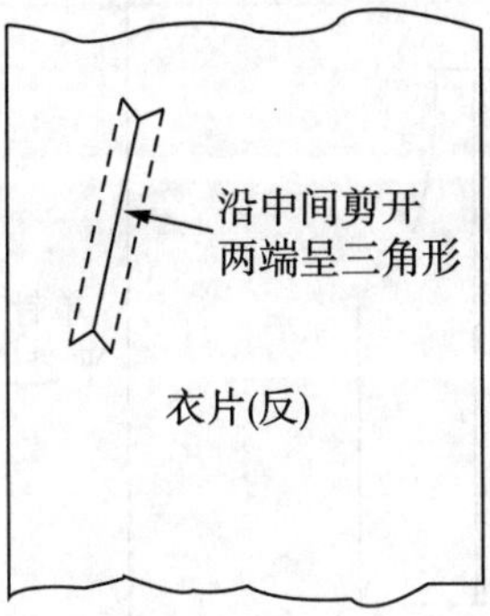 沿中间剪开两端呈三角形 衣片(反)	剪刀	掀开袋布A与袋布B，在中间把袋口剪开，在距离两端1 cm处，剪成三角状，剪到线的根部，但不能把线剪断。

（续表）

序号	工艺内容	工艺制作图	使用工具	缝制要点
9		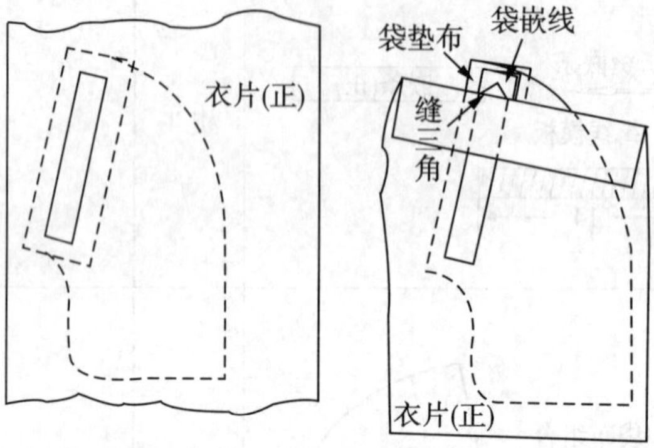 衣片(正) 袋垫布 袋嵌线 缝三角 衣片(正)	单针平缝机	将袋布A和袋布B翻向反面，摆平烫正，将三角缉住。
10	袋口压明线	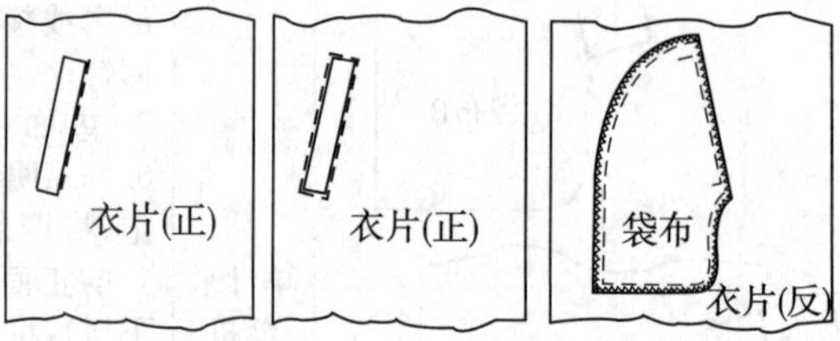 衣片(正) 衣片(正) 袋布 衣片(反)	单针平缝机	1. 掀开袋布B，袋口下端缉0.1 cm明线； 2. 袋布B摆平，袋口三周缉0.1 cm明线，头尾回针； 3. 袋布三周缝合，四周拷边。
11	做门襟	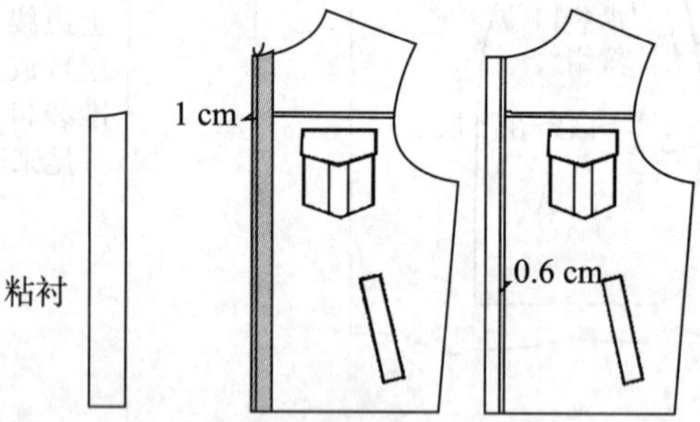 粘衬 1 cm 0.6 cm	熨斗和单针平缝机	1. 门襟粘衬，阔度按工艺单，有条格的对准主条，丝缕顺直，在门襟条上粘衬，目的使门襟不变形； 2. 门襟反面与衣片缝合，缝份为1 cm； 3. 门襟烫平，正面压缉0.6 cm。
12	后衣片小侧片拼合	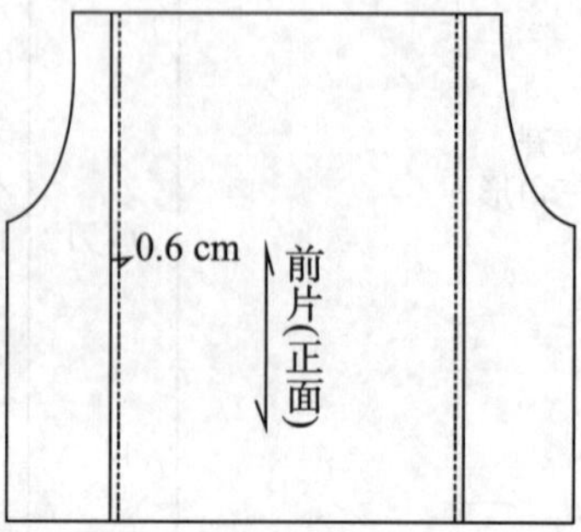 0.6 cm 前片(正面)	单针平缝机	后衣片小侧片拼合，缝份向后中心方向倒，正面压明线0.6 cm。

（续表）

序号	工艺内容	工艺制作图	使用工具	缝制要点
13	后覆势拼合	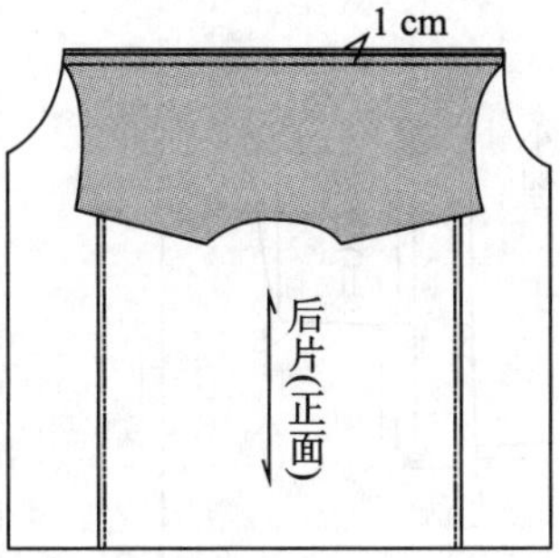 1 cm 后片(正面)	单针平缝机	后覆势拼合，缝份向上衣片方向倒，正面压明线 0.6 cm。
14	合肩缝	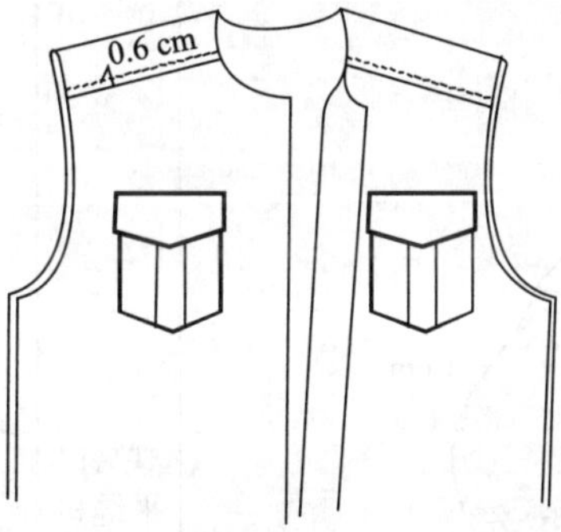 0.6 cm	单针平缝机	缝合面料前后片肩缝，缝份向后倒，正面压明线 0.6 cm。
15	袖片缝合	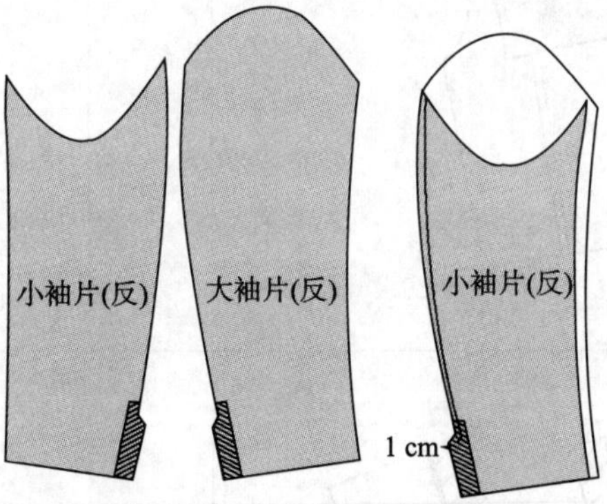 小袖片(反) 大袖片(反) 小袖片(反) 1 cm	熨斗和单针平缝机	1. 在袖片开衩的位置贴粘合衬； 2. 将大小袖片正面相对缝合，缝至开衩止点 90°转弯，向延伸布方向缝 1 cm 并用回针封住。
		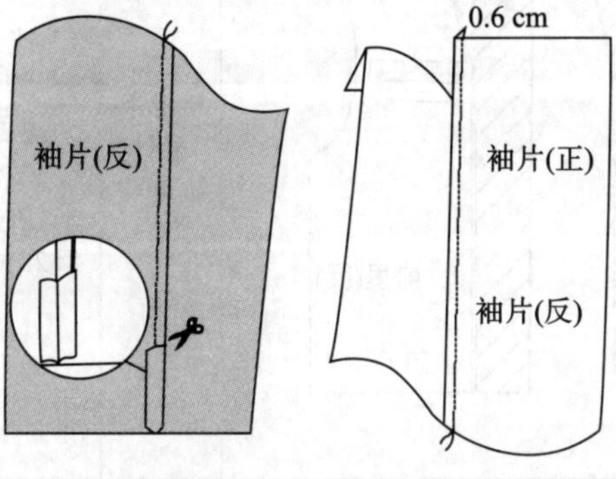 袖片(反) 0.6 cm 袖片(正) 袖片(反)		3. 将拼合的缝份向大袖片方向烫倒，小袖片延伸布没有缝住的 1 cm 缝份向相反方向烫倒； 4. 在开衩处将小袖片移开，从大袖片袖口开始压 0.7 cm 明线（注意不要压住小袖片），缝至开衩止点，将机针抬起，将小袖片放平，再继续压线至袖山头。

（续表）

序号	工艺内容	工艺制作图	使用工具	缝制要点
16	做袖口开衩	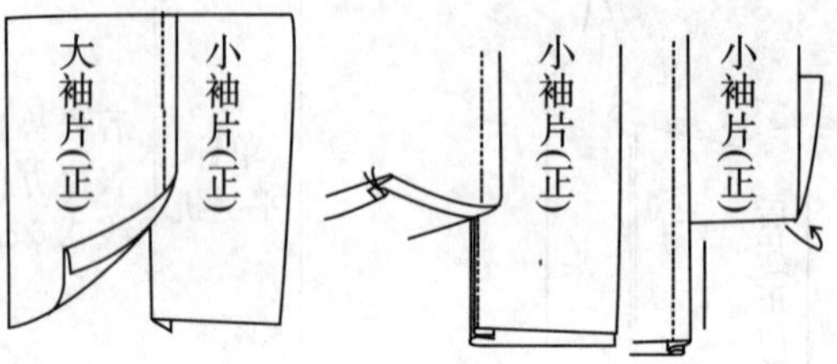 大袖片(正) 小袖片(正) 小袖片(正) 小袖片(正)		1. 将大袖片一侧里子袖衩与面袖衩反面缝合，小袖片一侧开衩缝份折到反面，正面压明线固定； 2. 将小袖片一侧开衩向里折叠，放平大袖衩，在正面缉明线与上端明线连接。
17	装袖	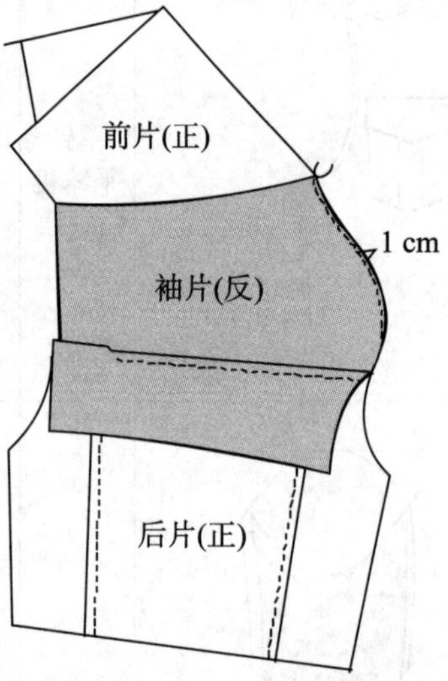 前片(正) 1 cm 袖片(反) 后片(正)	单针平缝机	袖片与衣身正面相对，对合袖山与袖窿标记，平缝缉合，缝份 1 cm。
18	缝合挂面与前片里	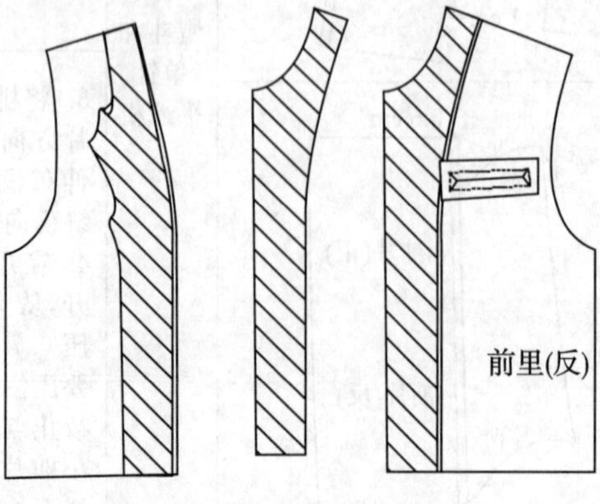 前里(反)	熨斗和单针平缝机	1. 挂面与前身里子缝合，缝合时在挂面中段上使里子略吃进一些； 2. 里子与挂面倒缝烫平，确定里袋位置，在袋口处粘衬。

（续表）

序号	工艺内容	工艺制作图	使用工具	缝制要点
19	开里袋	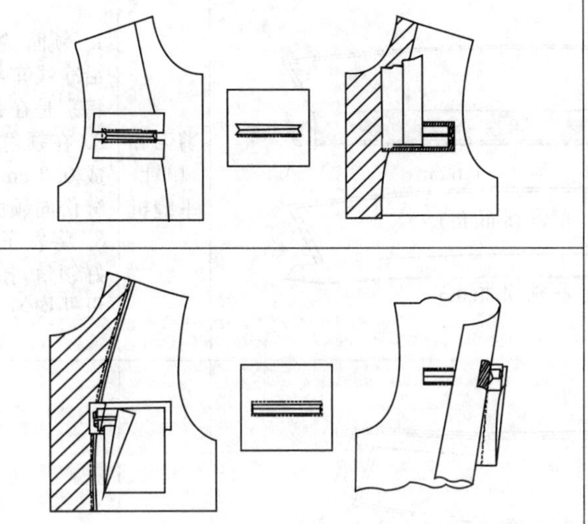	单针平缝机和剪刀	1. 嵌线布两片粘衬，在里子正面沿开袋口车缝嵌线于袋开口线上； 2. 剪开袋口，两端剪成三角，袋口方正，无毛出。 3. 掀起里子，封合左右两侧袋口三角； 4. 缝合袋布。
20	做后片里子	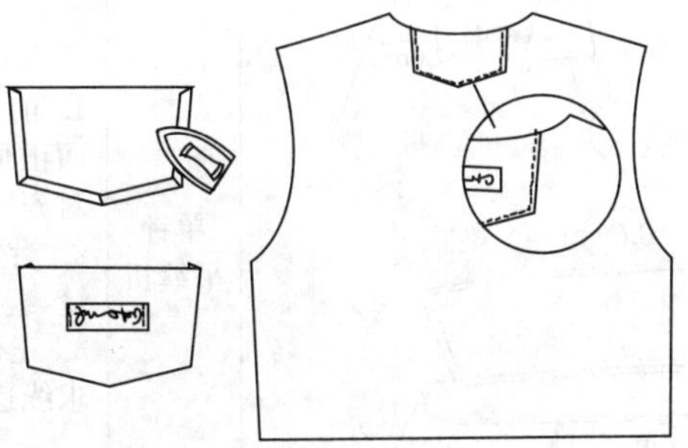	熨斗和单针平缝机	扣烫商标托布，将商标扣缝在上面，再把托布缝合在领口中央，按领口修剪整齐。
21	缝合里侧缝	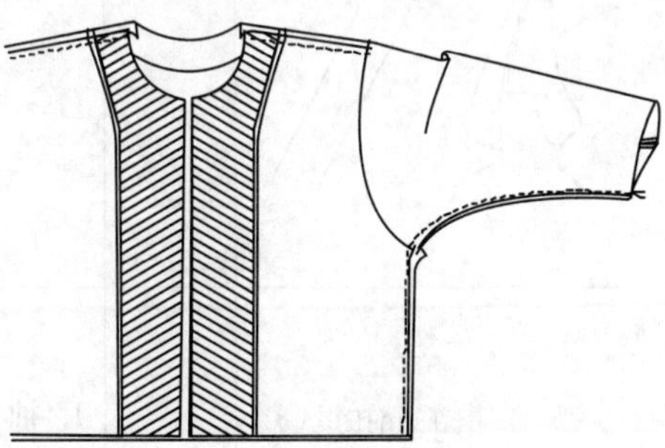	单针平缝机	前衣片在上，后衣片在下，正面相对，袖底十字缝对齐，缝份 1 cm，在右摆缝夹缝尺码标和洗水唛。
22	领片粘衬	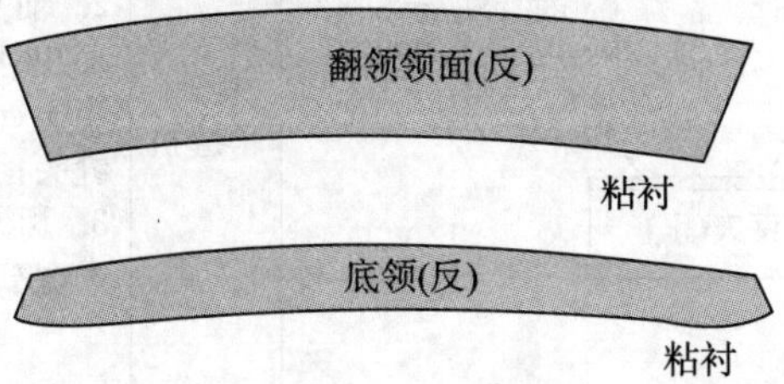 翻领领面(反) 粘衬 底领(反) 粘衬	熨斗	1. 领面后面粘衬； 2. 领面下领口向反面扣烫 1 cm ； 3. 用领工艺板(净板)在领面画净样线，之后将缝份修剪成 1 cm。

（续表）

序号	工艺内容	工艺制作图	使用工具	缝制要点
23	合领面、里	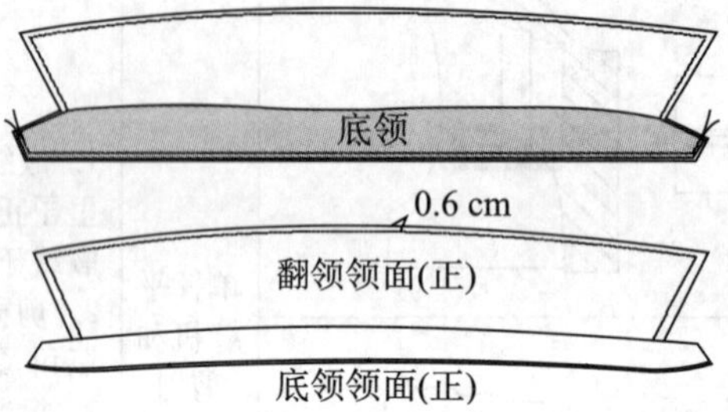 底领 0.6 cm 翻领领面(正) 底领领面(正)	剪刀和单针平缝机	1. 领面、领里正面相对，沿净线车缝，拉紧领里，特别是在领角处； 2. 在领角处把缝份修剪成0.3 cm左右，然后将缝份向领面折烫； 3. 将领子正面翻出，整好领角，扣烫止口，要求里外均匀。
24	绱领	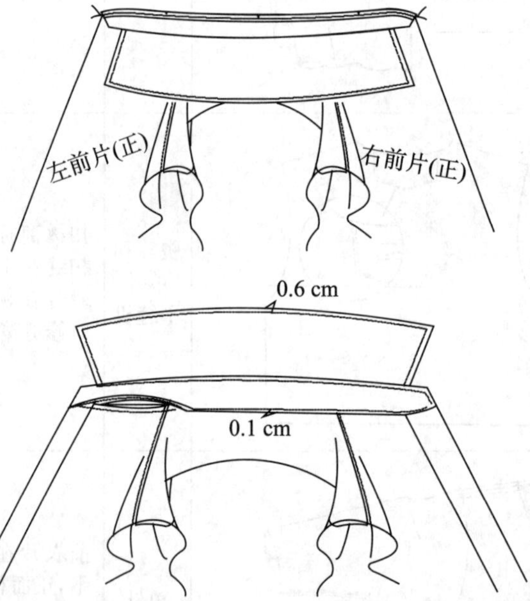 左前片(正) 右前片(正) 0.6 cm 0.1 cm	单针平缝机	1. 前衣片正面朝上，领面正面朝上，装领刀眼对齐； 2. 沿领里下领线净缝车缝，缝头1 cm； 3. 正面压线0.2 cm，要求线迹顺直、宽窄一致。
25	做袖克夫	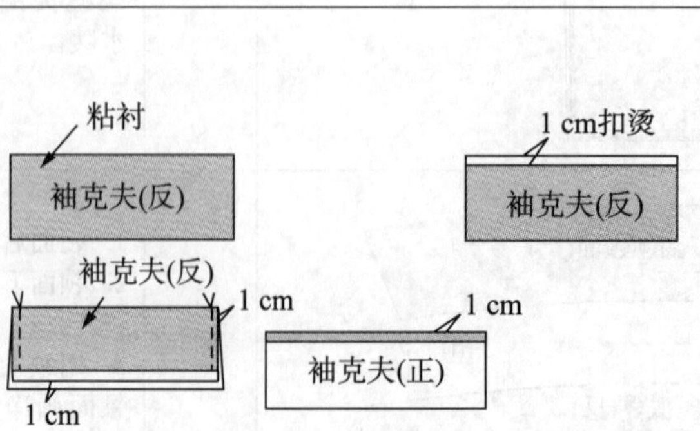 粘衬 袖克夫(反) 1 cm扣烫 袖克夫(反) 袖克夫(反) 1 cm 1 cm 1 cm 袖克夫(正)	熨斗和单针平缝机	1. 袖克夫反面粘衬，然后向反面折烫1 cm； 2. 袖克夫沿中心线，正面相对对折，袖克夫里长出1 cm，两头压缉1 cm缝头； 3. 翻烫袖克夫，要求袖克夫宽窄一致，方角平整。

（续表）

序号	工艺内容	工艺制作图	使用工具	缝制要点
26	装袖克夫	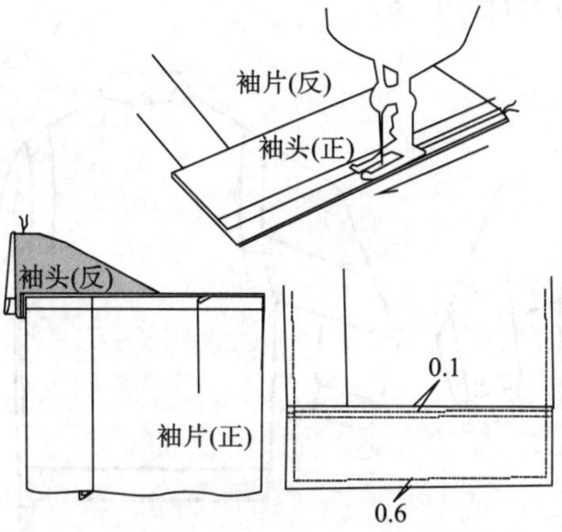	单针平缝机	1. 袖头里下面与袖片反面相对，袖口对齐，车缝0.7 cm缝份。注意：袖衩两端一定要使袖头偏出0.1 cm； 2. 翻正袖头，把所有缝份塞进袖头，两边包紧，正面缉0.1 cm明线。
27	做下摆	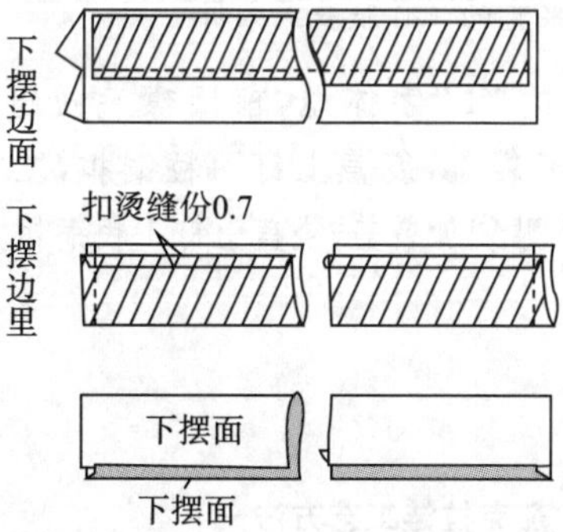	熨斗和单针平缝机	1. 下摆面反面粘无纺衬； 2. 将下摆边的面向反面扣烫0.7 cm缝份，然后朝反面对折，缉缝两端，缝份1 cm； 3. 将下摆正面翻出、烫平。
28	绱下摆	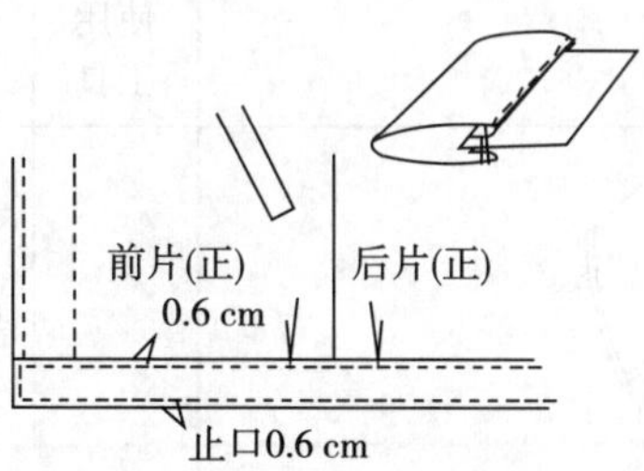	单针平缝机	1. 把下摆里与大身反面下口对齐平缝，缝份为0.7 cm，下摆两边应偏进0.2 cm； 2. 翻出大身正面，缝份倒向下摆，将下摆边面压住缝线0.1 cm，扣缉0.6 cm明线。
29	整烫检验	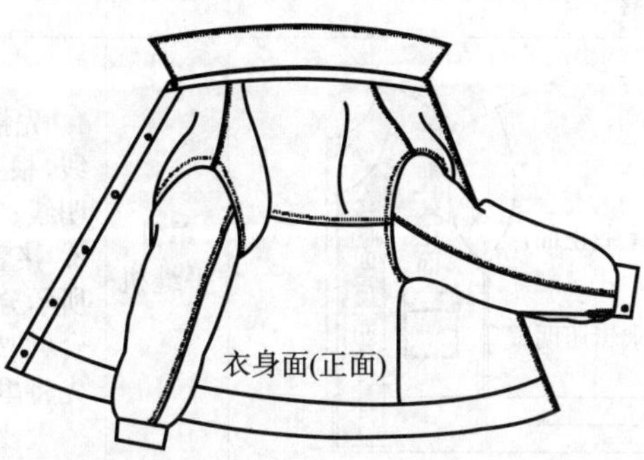	熨斗和尺子	1. 将整件衣服翻到正面，在袋盖、袖头、门里襟等部位钉扣； 2. 衣领、前后大身、口袋、袖子、袖头等整烫平整； 3. 根据质量经验标准进行检验。

■ 案例二：

正装款男茄克工艺分析

一、正装款茄克的工作服款式分析(图 6－6)

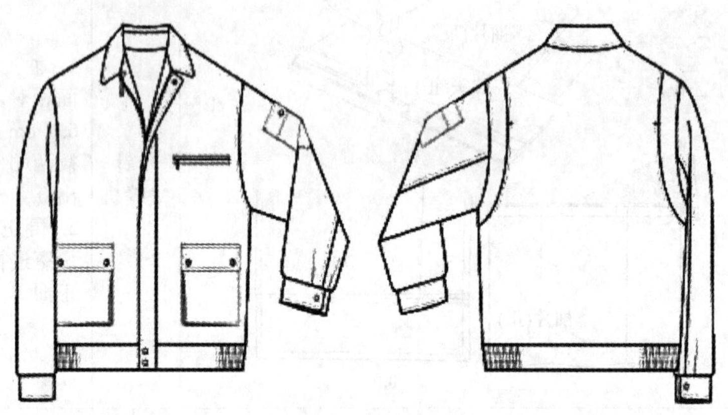

图 6－6　茄克的工作服款式分析

此款男茄克的整体廓型呈上宽下窄的"T"字体型，前门襟装拉链，门襟盖上钉三粒铜扣，领型为翻领，前身腰节有两个立体袋装袋盖，袋盖上钉两粒铜扣，左前身胸部有一个拉链挖袋，袖型为两片袖加袖克夫，左袖上装1贴袋加袋盖，袋盖上钉1粒铜扣。此款可采用混纺类面料制作，适合春秋季穿着。

二、正装款男茄克重点工艺分析

(一) 茄克拉链工艺方法一(表 6－5)

表 6－5　茄克拉链工艺方法一　　单位：cm

序号	工艺内容	工艺制作图	使用工具	缝制要点
1	门襟拉链一			1. 拉链平服不起皱； 2. 压线均匀，顺直。
2	装拉链	左前片(正面)　后片(正面)　左前片(正面)　左挂面(反面)　按款式要求缉压明线　下摆围边	单针平缝机	1. 先拼合前后片的侧缝线，根据工艺要求缉压明线； 2. 接着将下摆围边按图所示分别与衣片、挂面拼合(如果茄克配有里布，先将里布与挂面拼合)。

（续表）

序号	工艺内容	工艺制作图	使用工具	缝制要点
2		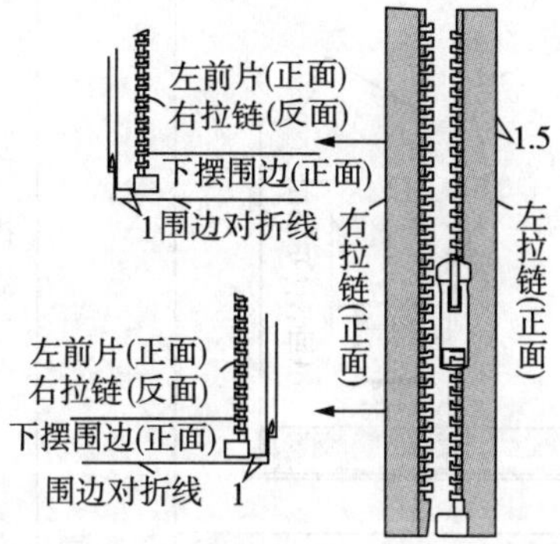 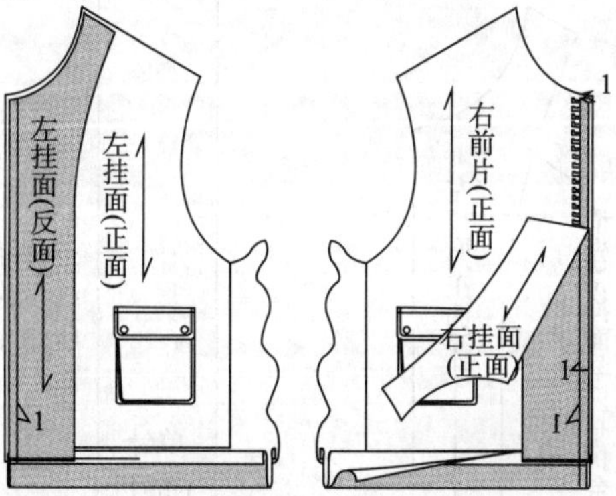	单针平缝机	1. 先将左拉链的正面与左前片正面相叠； 2. 右拉链的正面与右前片正面相叠； 3. 拉链下口距离下摆围边对折线 1 cm； 4. 然后将挂面、拉链、前片三层一起车缝，缝份为 1 cm。
3	压明线	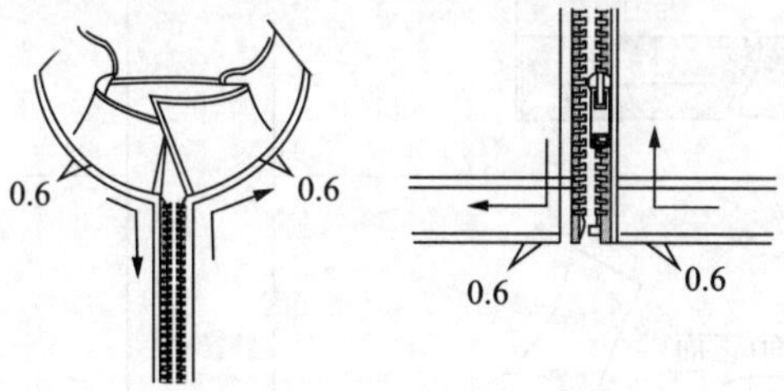	单针平缝机	拼合肩缝，装好领子之后，按照图示车缝 0.6 cm 明线。

（二）茄克拉链工艺方法二（表 6－6）

表 6－6　茄克拉链工艺方法二

单位：cm

序号	工艺内容	工艺制作图	使用工具	缝制要点
1	门襟拉链二	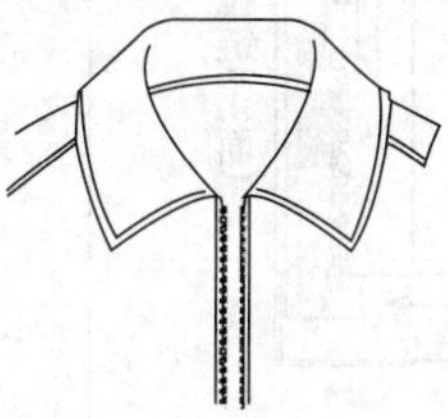	示意图	1. 拉链平服不起皱； 2. 压线均匀，顺直。

（续表）

序号	工艺内容	工艺制作图	使用工具	缝制要点
		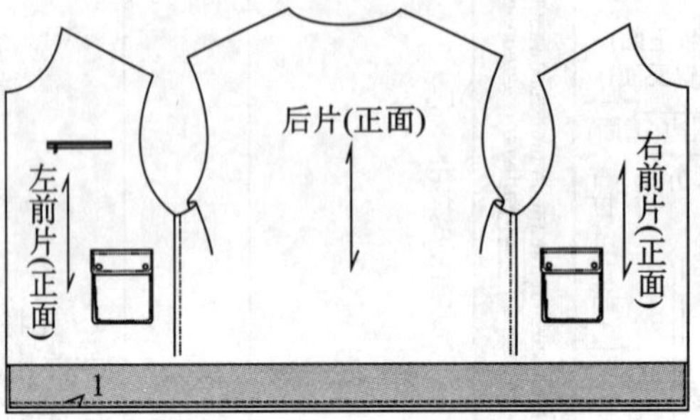 左前片(正面) 后片(正面) 右前片(正面) 1		拼合下摆围边与衣片，缝份为 1 cm。
2	装拉链	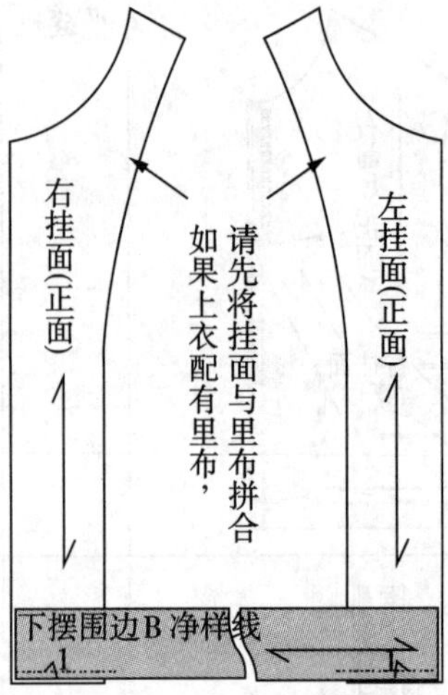 右挂面(正面) 请先将挂面与里布拼合 如果上衣配有里布， 左挂面(正面) 下摆围边B 净样线 1 1	单针平缝机	拼合下摆围边与挂面，缝份为 1 cm。然后按图所示将拉链固定在挂面上。
		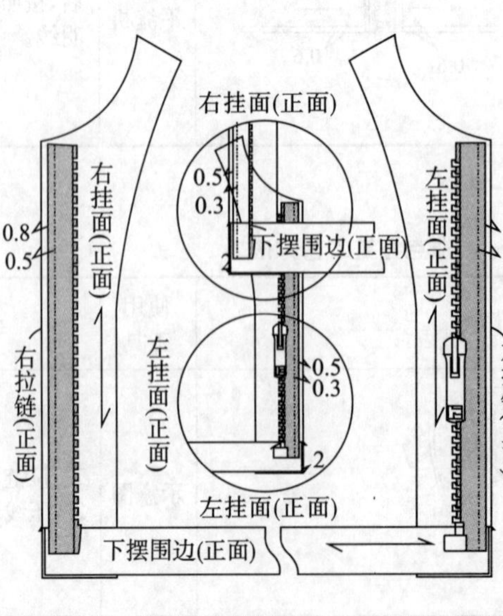 右挂面(正面) 0.5 0.3 下摆围边(正面) 2 右挂面(正面) 0.8 0.5 右拉链(正面) 左挂面(正面) 0.5 0.3 2 左挂面(正面) 左挂面(正面) 0.8 0.5 左拉链(正面) 下摆围边(正面)		按图所示将拉链固定在挂面上。

（续表）

序号	工艺内容	工艺制作图	使用工具	缝制要点
3		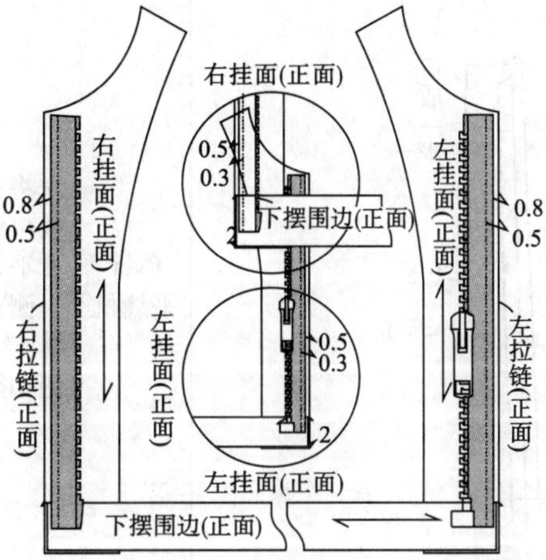 右挂面(正面) 0.5 0.3 下摆围边(正面) 2 右挂面(正面) 0.8 0.5 右拉链(正面) 左挂面(正面) 0.5 0.3 2 左挂面(正面) 下摆围边(正面) 左挂面(正面) 0.8 0.5 左拉链(正面)	单针平缝机	按照图示将挂面与衣片缝合，缝份为 1 cm。
4	压明线	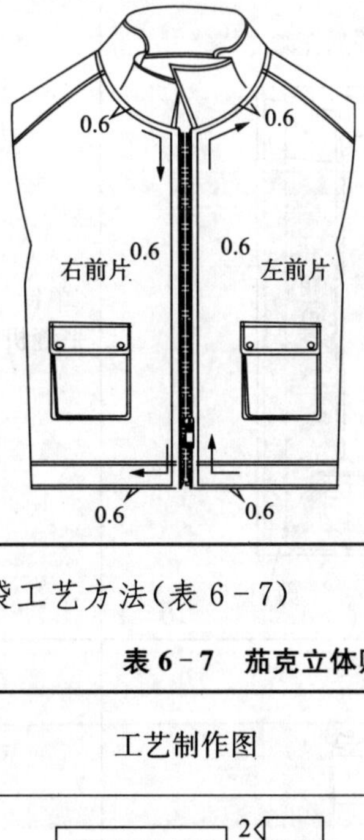 0.6 0.6 0.6 0.6 右前片 左前片 0.6 0.6	单针平缝机	拼合肩缝，装好领子之后，按照图示车缝 0.6 cm 明线(注意衣片要遮盖住拉链齿)。

（三）茄克立体贴袋工艺方法（表 6－7）

表 6－7　茄克立体贴袋工艺方法

单位：cm

序号	工艺内容	工艺制作图	使用工具	缝制要点
1	袋盖粘衬	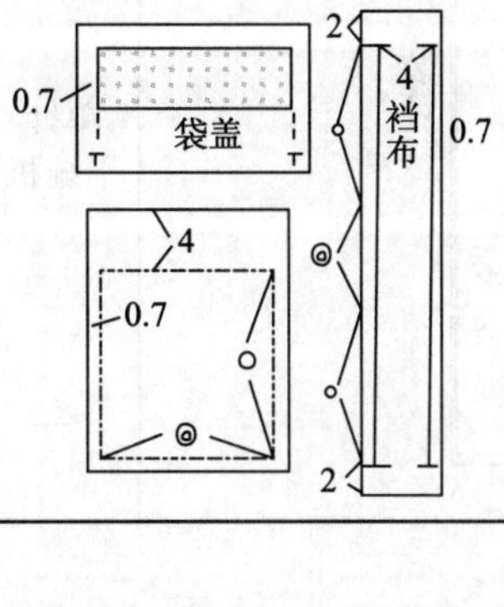 0.7 袋盖 2 4 裆布 0.7 4 0.7 2	熨斗	袋盖面反面粘衬，画出净样线。

（续表）

序号	工艺内容	工艺制作图	使用工具	缝制要点
2	缝制裆布	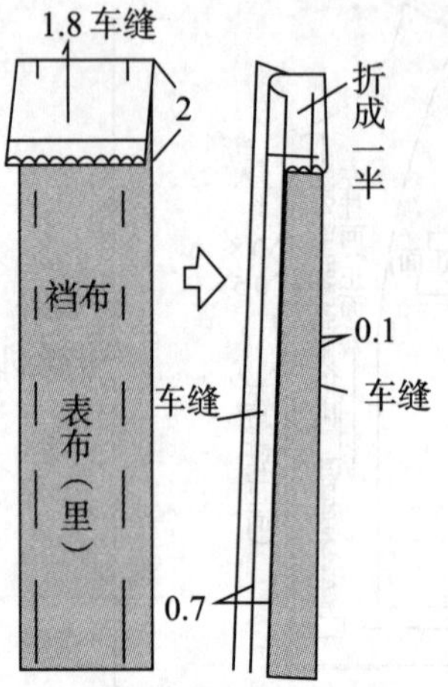 1.8 车缝；2；折成一半；裆布；表布（里）；0.1；车缝；车缝；0.7	单针平缝机	先将裆布的贴边两端三线包缝；然后折进 2 cm 烫平；再将裆布的长边一侧对折一半烫平后车缝 0.1 cm，最后将毛边侧扣烫 0.7 cm 的缝份。
3	裆布与袋布缝合	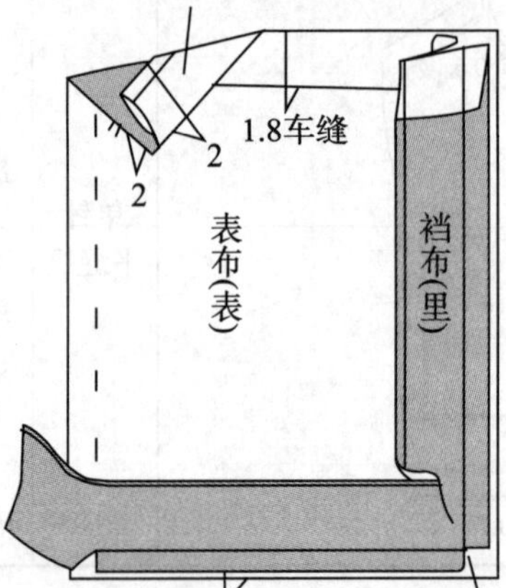 上口缝边要三折烫平后车缝；1.8车缝；2；2；表布(表)；裆布(里)；0.7车缝；剪口	单针平缝机	先将袋布的上口缝边三折边烫平后，在表面车 1.8 cm 的缝线。然后将裆布的一侧边与袋布(除上口以外)的三边缝合，注意在两袋底角处，裆布要剪口。
4	袋布缉明线	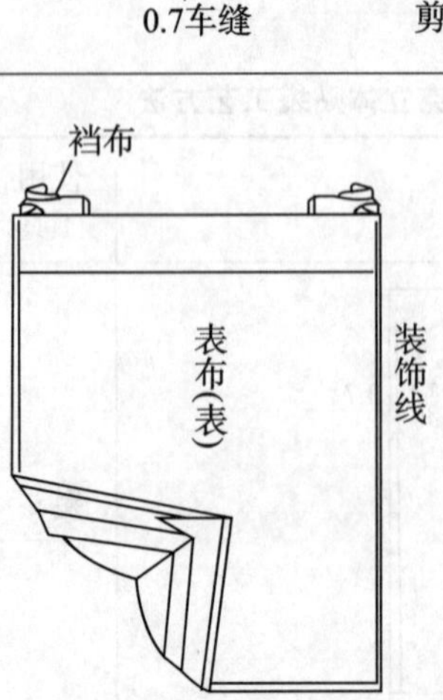 裆布；表布(表)；装饰线	单针平缝机	在袋布的边缘车缝装饰明线。

(续表)

序号	工艺内容	工艺制作图	使用工具	缝制要点
5	袋子与衣片缝合	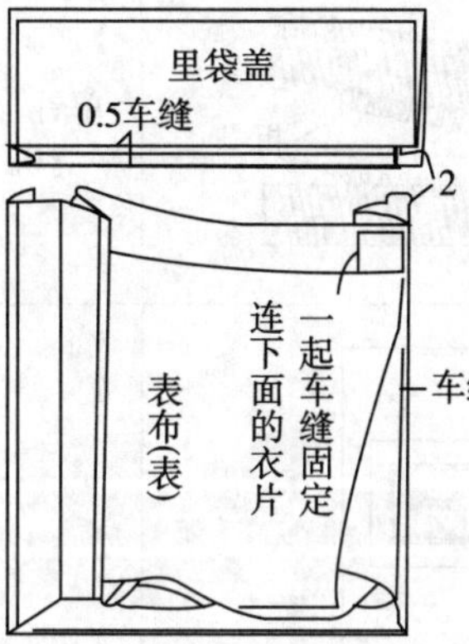	单针平缝机	先将袋裆布与衣片缝合，然后在袋上口两角重叠裆布，连下面的衣片一起车缝固定，再将缝制好的袋盖按袋盖位与衣片固定。
6	表袋盖上口缉装饰明线	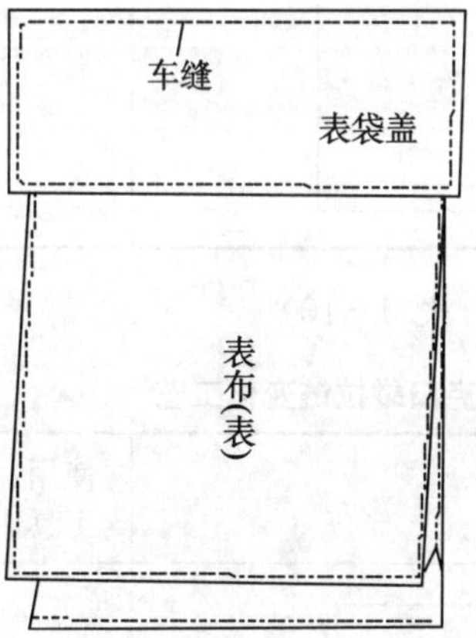	单针平缝机	在表袋盖上口缉装饰明线固定。

（四）茄克双嵌线口袋拉链工艺（表 6－8）

表 6－8　茄克双嵌线口袋拉链工艺　　单位：cm

序号	工艺内容	工艺制作图	使用工具	缝制要点
1	茄克双嵌线口袋拉链	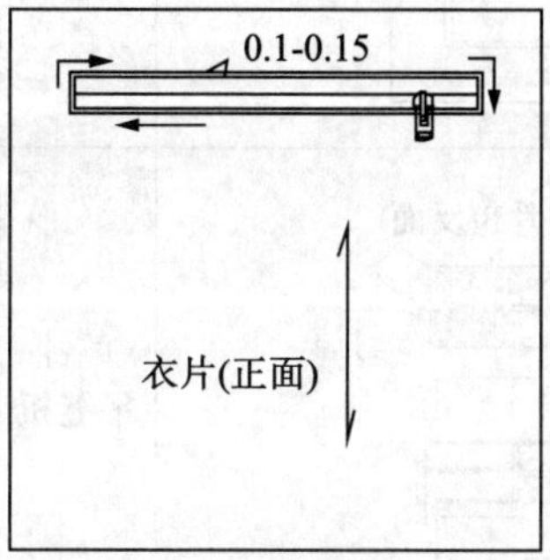	单针平缝机	口袋四周缉 0.1 cm 明线。

（续表）

序号	工艺内容	工艺制作图	使用工具	缝制要点
2	调整拉链	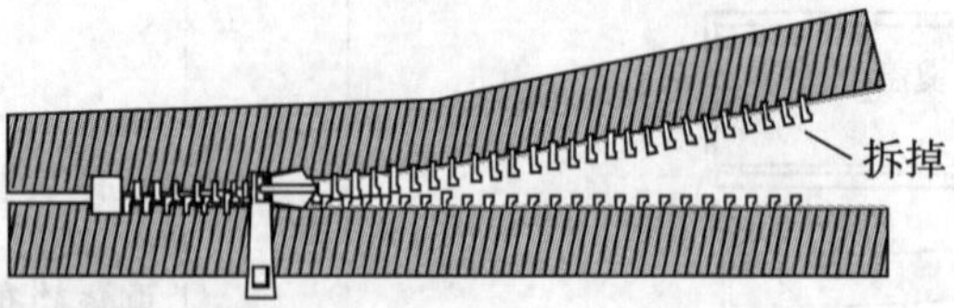 拆掉	单针平缝机	按口袋规格的实际长度，将多余的拉链齿用钳子拆掉，然后用手针将拉链固定。
3	做拉链袋	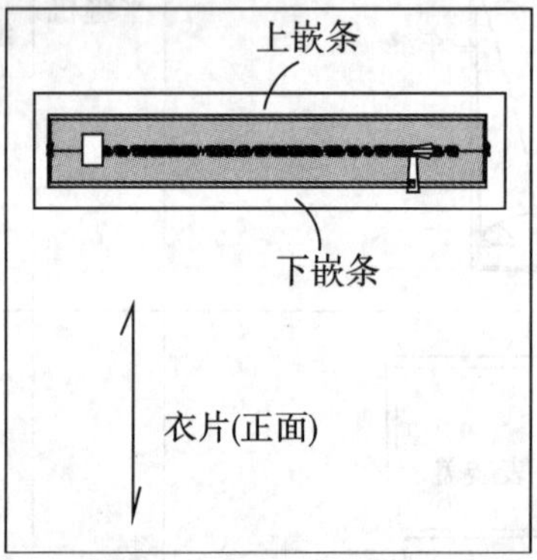 上嵌条 下嵌条 衣片(正面)		首先按双嵌线口袋的方法制作嵌条，再将拉链齿与嵌条开口对齐，然后将拉链的四周与嵌条布固定。

（五）茄克口袋拉链变化工艺（表 6－9，表 6－10）

表 6－9　茄克口袋拉链变化工艺　　单位：cm

序号	工艺内容	工艺制作图	使用工具	缝制要点
1	贴袋拉链	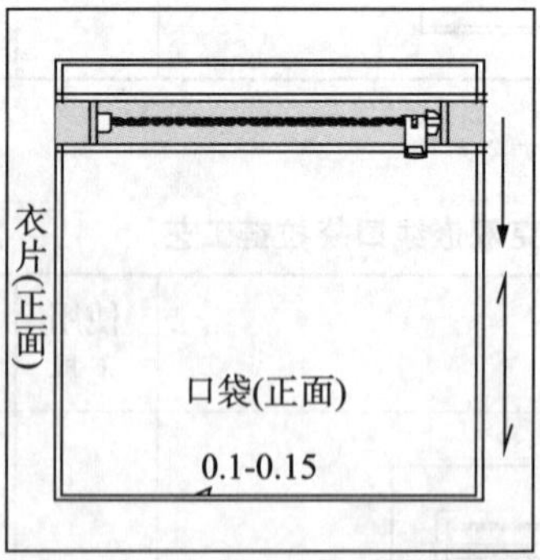 衣片(正面) 口袋(正面) 0.1-0.15	单针平缝机	口袋四周缉 0.6 cm 明线。
2	拼合拉链	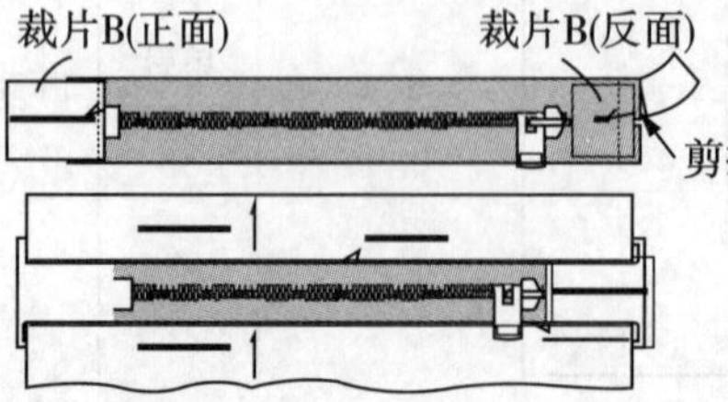 裁片B(正面) 裁片B(反面) 剪掉	单针平缝机	1. 裁片 B 与拉链拼合后，在裁片 B 正面压 0.1 cm 的明线； 2. 将裁片 A、裁片 C 分别与拉链拼合。

（续表）

序号	工艺内容	工艺制作图	使用工具	缝制要点
3	扣烫口袋边	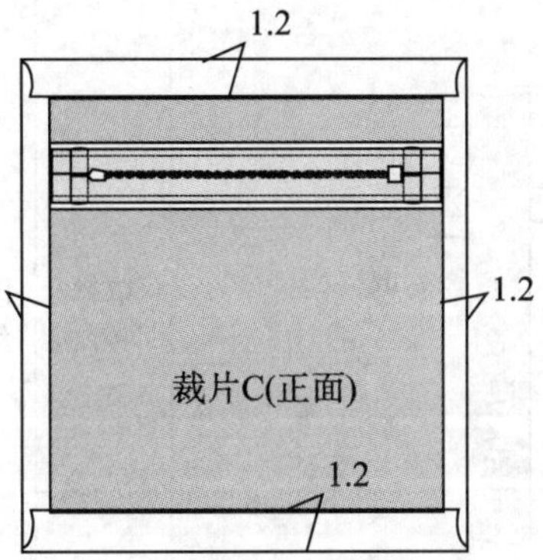 1.2 1.2 裁片C(正面) 1.2	熨斗	将口袋四周的缝份向反面扣烫。

表 6-10　茄克口袋拉链变化工艺　　单位：cm

序号	工艺内容	工艺制作图	使用工具	缝制要点
1	茄克双嵌线口袋拉链	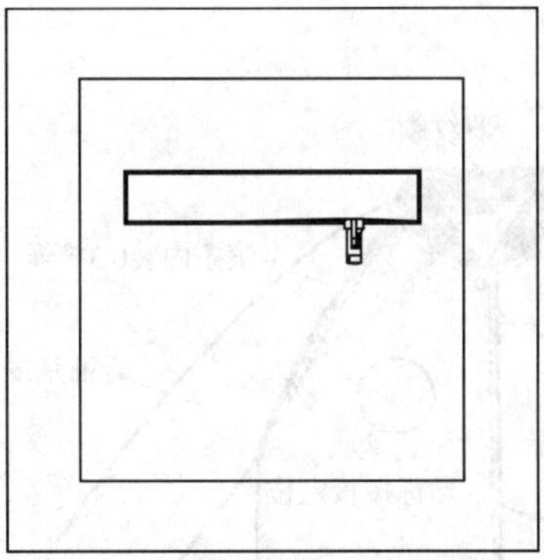	单针平缝机	口袋四周缉 0.1 cm 明线。
2	装拉链	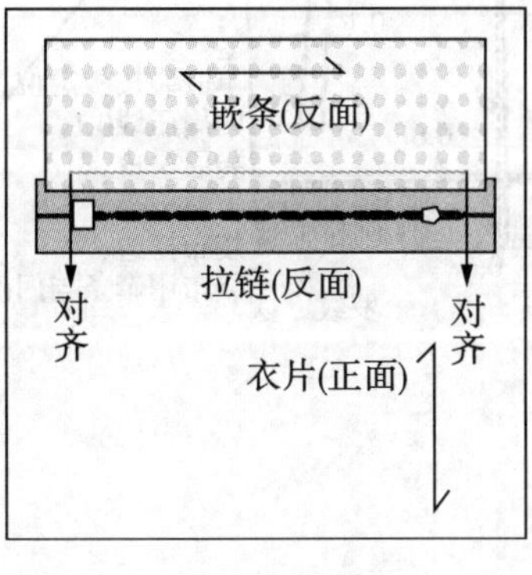 嵌条(反面) 拉链(反面) 对齐　对齐 衣片(正面)	单针平缝机	将嵌条、拉链的正面与衣片正面相对，根据袋口大小，缉两条平行线。

（续表）

序号	工艺内容	工艺制作图	使用工具	缝制要点
3	封三角	拉链(正面) 0.1-0.15 衣片(正面) 衣片(反面)	单针平缝机	口袋口摆平烫正，将三角缉住。

案例三：

插肩袖运动款男茄克工艺分析

一、茄克的款式分析(图 6－7)

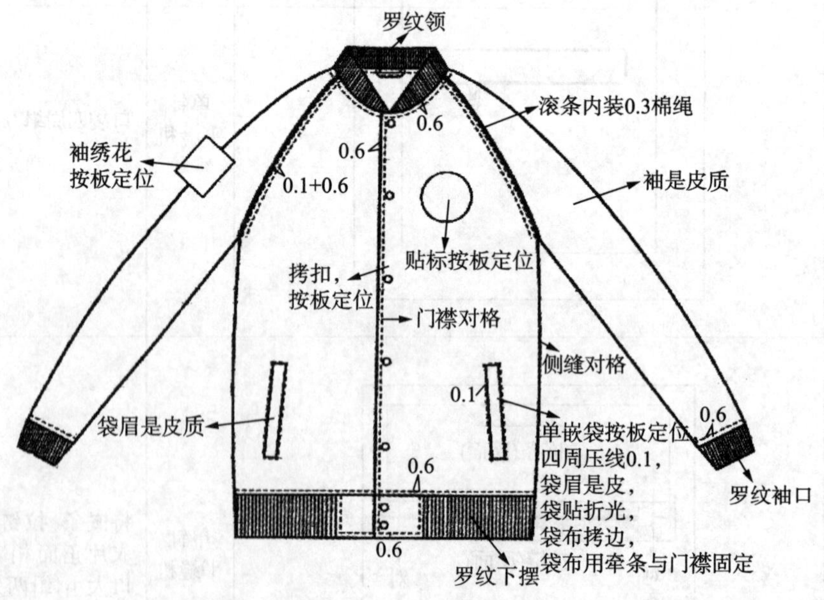

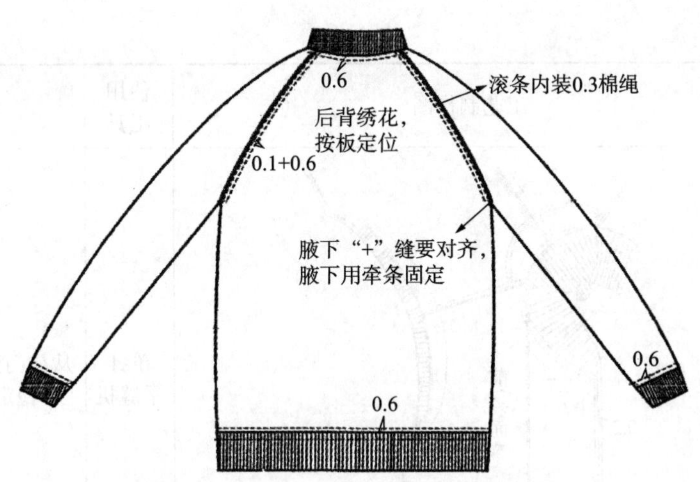

图 6－7　插肩袖运动款茄克款式分析

三、插肩袖运动款茄克重点工艺分析

（一）罗纹领工艺方法（表 6－11）

表 6－11　罗纹领工艺方法　　单位：cm

序号	工艺内容	工艺制作图	使用工具	缝制要点
1	做罗纹领	领子(表面) 双折线 缝头1.5 绱领线 合缝后劈开 擦线	手工针	1. 如果罗纹宽度不够的话，在后中心接缝，领外口双折后裁剪； 2. 在绱领线侧用 1 cm 的缝头把衣片用手针固定。
2	装罗纹领	里前(里面) 粘衬 钩前门 夹住量子 领子 里后(里面) 双折线 表前(表面) (表面) 里前(表面)	单针平缝机	衣身、里身夹住领子罗纹、钩前门、领口。

（续表）

序号	工艺内容	工艺制作图	使用工具	缝制要点
3	领圈压线	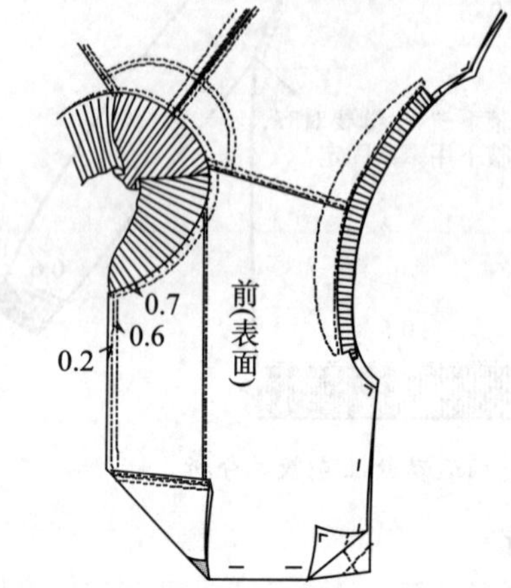	单针平缝机	从前门到领口连续压明线，稳定上领缝头。

（二）罗纹袖的工艺方法（表6-12）

表6-12 罗纹袖的工艺方法

单位：cm

序号	工艺内容	工艺制作图	使用工具	缝制要点
1	绱袖子	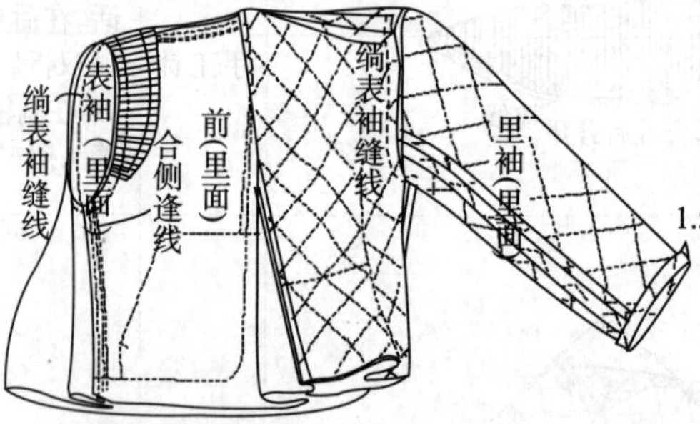	单针平缝机	分别绱表袖、里袖，缝头向袖侧倒，把里袖口按标记折烫。
2	绱罗纹袖口	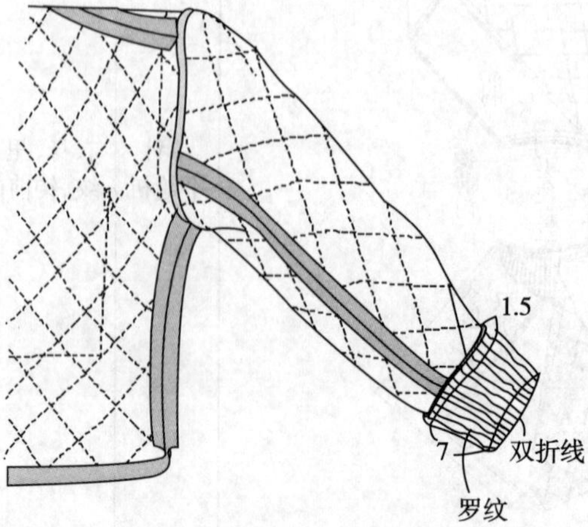	单针平缝机	里袖口绱罗纹，按图所示。

（续表）

序号	工艺内容	工艺制作图	使用工具	缝制要点
2		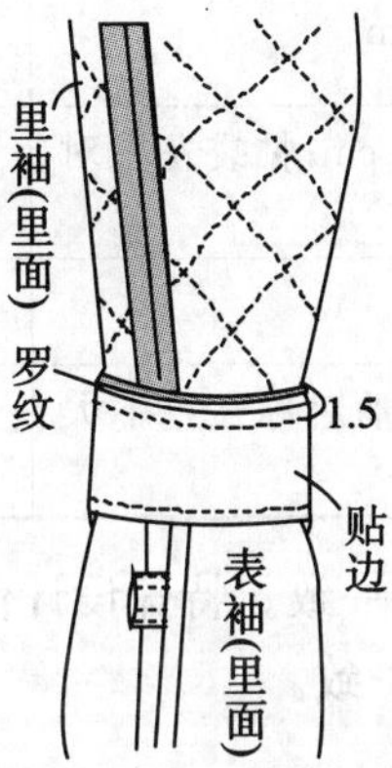 里袖(里面) 罗纹 1.5 贴边 表袖(里面)	单针平缝机	把表袖口的贴边里侧与绱罗纹位置比齐缝合。

过程三：男茄克的质量检验指标

本标准规定了茄克衫的型号规格等全部技术特征。本标准适用于棉、麻、丝、毛、化学纤维及混纺织物为面料，成批生产的男、女茄克衫。

一、男茄克技术要求

1. 面、辅料规定

按表6－13规定。

表6－13　面、辅料规定

名　称	要　　求	备　　注
面　料	选用符合该面料产品标准规定的等级品	
辅　料	衬料、里料、镶料的尺寸变化率、性能应与面料相适应	
缝纫线	尺寸变化率、性能色泽应与面料相适应	包括锁钉线
钮　扣	色泽应与面料相适应	
拉　链	色泽应与面料相适应	

2. 对条对格规定

面料有明显条格在1 cm以上者，按表6－14规定。

表 6-14　对条、对格规定

部位名称	要　　求	备　　注
左右前身	条料顺直，格对横互差不大于 0.4 cm	遇格子大小不一致，以衣长1/2上部为准
袋与前身	条料对条，格对格，互差不大于 0.4 cm；粘袋左右对称互差不大于 0.5 cm	遇格子大小不一致，以袋前部为准
左右领尖	条格对称，互差不大于 0.3 cm	
袖子	条料顺直，格对横，以袖山为准，两袖对称互差不大于 0.1 cm	

(1) 倒顺绒、倒顺花、阴阳格面料、全身顺向一致。特殊设计例外；

(2) 特殊图案面料，以主图为准，全身向上一致。

3. 色差规定

(1) 领与前身，袖与前身，袋与前身，左右前身高于 4 级；

(2) 其他表面部位不低于 4 级，里子不低于 3—4 级。

4. 外观疵点规定

外观疵点按表 6-15 规定，每个独立部位只允许疵点一处。

表 6-15　外观疵点规定　　单位：cm

疵点名称	各部位允许存在程序		
	1 部位	2 部位	3 部位
粗于原纱一倍的纱	1.0～2.0	2.1～4.0	4.1～6.0
粗于原纱两倍的纱	0	1.1～2.0	2.1～4.0
浅细纱	1.0～2.0	2.1～3.0	3.1～4.0
浅斑渍	0	<0.2	<0.3

5. 缝制规定

(1) 针距密度，按表 6-16 规定。

表 6-16　针距密度　　单位：cm

项　　目		要　　求
明暗线		3 cm 不少于 11 针
包缝线		3 cm 不少于 9 针
锁眼(手工)		1 cm 不少于 9 针
钉扣	手工	双线二上二下绕三绕
	机扣	每眼不低于 6 根线

(2) 各部位缝制线路顺直，整齐、平服、牢固、松紧适宜；
(3) 领子平服，令面松紧适宜，不反翘；
(4) 绱袖圆顺，前后基本一致。袋与袋盖方正、圆顺，前后、高低一致；
(5) 拉链辑线整齐，拉链带顺直；
(6) 锁眼定位准确，大小适宜，扣与眼对位，整齐牢固；
(7) 钉扣牢固，扣角高低适宜，线结不外露；
(8) 四合扣上下松紧适宜，牢固、不脱落；
(9) 各部位 30 cm 内不得有两处单跳针和连续跳针，链式线迹不允许跳针；
(10) 商标部位端正，号型标志准确清晰。

6. 成品主要部位规格允许偏差(表 6－17)

表 6－17

单位：cm

序号	部位名称		允许偏差	备注
1	衣长		±1.0	
2	胸围		±2.0 ±1.5	5.4 系列 5.4 系列
3	总肩宽		±1.8	
4	领围		±0.7	
5	袖长	圆袖	±0.8	
		连肩袖	±1.2	

7. 茄克衫的外观质量规定(表 6－18)

表 6－18 茄克衫的外观质量规定

前身	1	门襟平挺，左右两边下摆一致，无搅豁
	2	止口挺薄顺直，无起皱、反吐；宽窄相等，圆的应圆，方的应方，尖的应尖
	3	驳口平服顺直，左右两边长短一致，串口要直，左右领缺嘴相同
	4	胸部挺满、无皱、无泡；省缝顺直，高低一致，省尖无泡形，省缝与袋口进出左右相等
	5	袋盖与袋口大小适宜，双袋大小、高低、进出须一致
领子	6	领子平服，不爬领、荡领
	7	前领丝绺正直，领面松度适宜
肩	8	肩头平服，无皱裂形，肩缝顺直，吃势均匀
	9	肩头宽窄、左右一致，垫肩两边进出一致，里外相宜

(续表)

袖子	10	两袖垂直,前后一致,长短相同;左右袖口大小一致
	11	袖窿圆顺,吃势均匀,前后无吊紧曲皱
	12	袖口平服齐整,装袢左右对称
后背	13	背部平服,背缝挺直,左右对称
	14	后背两边吃势要顺
摆缝	15	摆缝顺直平服,松紧适宜,腋下不能有下沉
下摆	16	下摆平服顺宽窄一致
外观	17	各部位整烫平服,整洁,无烫黄、水渍、亮光
	18	折叠端正、平服
	19	对称部位基本一致
	20	粘合衬不准有脱胶及表面渗透

二、男茄克检验方法

(一) 检验方法

1. 面、辅料规定按表 6-13 规定;

2. 对条、对格按表 6-14 规定;

3. 色差按规定测试,测量色差程度时,被测部位需纱向一致,视线与被测物成 45°角,顺着光线射入方向,距离 60 cm 目测;

4. 外观疵点按表 6-15 规定;

5. 缝制按表 6-16 规定,距离 60 cm 目测;

6. 针距密度按表 6-17 规定,在成品上任取 3 cm 计量(厚薄部位除外);

7. 外观质量规定按表 6-18 规定;

8. 纬斜计算方法:

$$纬斜率(\%)=\frac{纬斜(条格)倾斜与水平最大距离}{衣片宽}\times 100\%$$

9. 成品主要部位规格允许偏差按表 6-17 规定,测量图方法按图 6-8,测量方法按表 6-19。

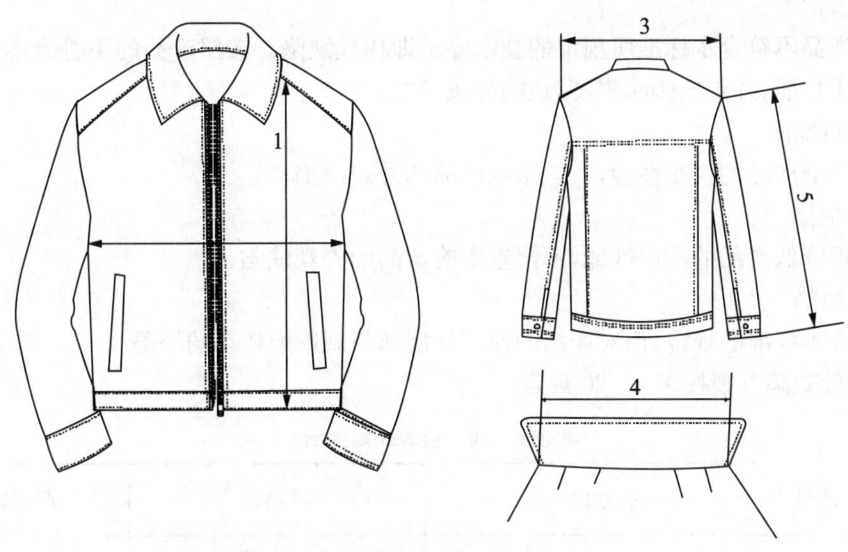

图 6-8　男茄克测量图

表 6-19　测量方法

序号	部位名称		测　量　方　法
1	衣长		由肩缝最高点垂直量至底边
2	胸围		闭合拉链(或扣上钮扣)前后身摊平,沿袖窿底缝横量(周围计算)
3	总肩宽		由肩袖缝的交叉点摊平横量
4	领围		领子点摊平横量,立领量上口,其他领量下口
5	袖长	圆袖	由肩袖缝最高点至袖头边中间
		连肩袖	后领线迹缝中点量至袖头边中间

(二)检验工具

1. 钢尺;
2. 评定变色用灰色卡(GB 250)。

(三)检验规则

1. 检验分类

成品检验分为出厂检验和型式检验。

2. 等级划分规则

1)成品等级划分以缺陷是否存在及其轻重程度为依据,样本中的单件产品以缺陷的数量和轻重程度划分等级;批量产品以样本中单件产品的品等及其数量划分等级。

2）缺陷

单件产品不符合本标准所规定的技术要求即构成缺陷。按照产品的不符合本标准和对产品的使用性能、外观的影响程度，缺陷分成三类：

a. 严重缺陷

严重降低产品的使用性能，严重影响产品的外观缺陷；

b. 重缺陷

不严重降低产品的使用性能，不严重影响产品的外观缺陷；

c. 轻缺陷

不符合本标准的规定，但对产品的使用性能和外观影响较小的缺陷。

3）检验缺陷判断按表 6－20 规定

表 6－20　检验缺陷判断

项目	序号	轻缺陷	重缺陷	严重缺陷
外观	1	表面有污渍、粉印、亮光、水花、死褶，表面死线头长于 1 cm 以上	表面污渍 1 cm 以上，粘合衬明显起泡、渗胶、烫黄、变色	残破、变质，粘合衬严重渗胶
规格	2	超允许偏差范围 50％～100％	超允许偏差范围 100％以上	—
辅料	3	线、衬等辅料与面料质地、色泽明显不相适应	—	金属附件品质不良、锈蚀
标志	4	商标位置不端正，号型标志不清晰，或无成分标志、洗涤说明	号型标志不正确	无号型标志及商标厂记
色差	5	色差超标准偏差 0.5 级～1 级	色差超标准偏差 1 级	—
针距密度	6	针距密度低于标准规定，缝合处连续跳针（30 cm 内出现两个单跳针按连续计算），1 号部位针眼外露	明线连续跳针 30 cm 在 2 针以上，锁眼缺 0.5 cm 以上	链式机有跳针及漏针
对条对格	7	对条、对格超标准偏差 50％以上到 100％	对条、对格超标准偏差 100％以上	—
疵点	8	3 号部位不符合表 6－15 规定	1 号、2 号部位不符合表 6－15 规定	—
缝制要求	9	各部位缝制不平服，松紧不适宜，底边不圆顺、顺直，毛，脱漏＜1 cm	有明显拆痕，缝合毛、脱、漏＜1 cm	毛、脱、漏＜2 cm
	10	辑明线宽窄明显不一致，明显不顺直	—	—
	11	锁眼、针扣、封结不牢固，眼位距离不均匀＞0.4 cm，扣与眼位及四合扣上下相对互差＞0.4 cm	眼位距离不均匀＞0.8 cm，扣与眼位及四合扣上下相对互差＞0.8 cm	—
	12	领子里面松紧不适宜，表面不平服，领尖长短，驳口宽窄互差＞0.3 cm	领面、领里松紧明显不适宜	—

（续表）

项目	序号	轻缺陷	重缺陷	严重缺陷
缝制要求	13	领窝不平服，起皱，绱领以肩缝对比互差＞0.6 cm	领窝明显不平服，起皱，绱领以肩缝对比互差＞0.8 cm	—
	14	绱领不圆顺，前后不适宜，吃势不均匀，两袖前后不一致，互差＞0.1 cm	—	—
	15	袖缝不顺直，两袖长短互差＞0.8 cm，袖头互差＞0.4 cm	—	—
	16	前身拉锁松紧不适宜，两搭门长短，门襟短于里襟或门襟长于里襟 0.5 cm 以上	门里襟互差＞0.8 cm 以上，装拉锁明显不平服	—
	17	袋与袋盖不圆顺，开袋裂口，嵌线宽窄互差＞0.3 cm，袋位高低、前后＞0.5 cm	袋口封结不牢固、毛茬、6 做袋无垫袋布	—

参 考 书 目

1. 周丽娅.系列男装设计.北京：中国纺织出版社,2001
2. 麦凯维·玛斯罗.时装设计：过程、创新与实践.北京：中国纺织出版社,2005
3. 刘晓刚.男装设计.上海：东华大学出版社,2008
4. 许涛.服装制作工艺.北京：中国纺织出版社,2007
5. 胡忧.现代服装工艺设计图解.长沙：湖南出版社,2008
6. 文化服装讲座 4:茄克.大衣篇.北京：中国轻工业出版社,2006